U0315344

高等职业教育规划教材

自动控制原理及应用项目式教程

主编 汪 勤
参编 丰 飞

北 京
冶金工业出版社
2020

内 容 提 要

　　本书以人工液位系统、电机转速等 5 个工程项目为载体,以完成具体项目任务为主线,将自动控制系统的总体认识、数学模型建立、系统性能分析方法以及系统主要性能的分析和校正等经典控制理论知识融入各工程项目中,让学生在解决实际工程问题的过程中理解和掌握抽象的理论知识,从而达到学以致用的目的。每个项目都有项目引入、信息收集、项目实施、项目评价、知识拓展、项目小结,且不同的项目具有不同的评价标准,对抽象难懂的内容则借助MATLAB 仿真软件,以提高学生的理解能力,增强学习效果。

　　本书在纸质教材的基础上,增加了视频、图片等数字资源,以二维码的形式插入在教材的相应位置。手机扫描二维码即可打开各种资源,读者可随时扫码观看和学习,以拓宽知识面,加深对较难理论知识的理解和应用,从而获得更好的学习效果。

　　本书可作为高等职业院校电气自动化、机电一体化和电子应用类专业的教材,也可作为相关行业从业人员的培训用书或参考书。

图书在版编目(CIP)数据

　　自动控制原理及应用项目式教程/汪勤主编. —北京:
冶金工业出版社,2020.9
　　高等职业教育规划教材
　　ISBN 978-7-5024-8605-1

　　Ⅰ.①自… Ⅱ.①汪… Ⅲ.①自动控制理论—高等
职业教育—教材 Ⅳ.①TP13

　　中国版本图书馆 CIP 数据核字 (2020) 第 152581 号

出 版 人　陈玉千
地　　　址　北京市东城区嵩祝院北巷 39 号　邮编　100009　电话　(010)64027926
网　　　址　www.cnmip.com.cn　电子信箱　yjcbs@cnmip.com.cn
责任编辑　王　颖　美术编辑　郑小利　版式设计　禹　蕊
责任校对　石　静　责任印制　李玉山
ISBN 978-7-5024-8605-1
冶金工业出版社出版发行;各地新华书店经销;北京虎彩文化传播有限公司印刷
2020 年 9 月第 1 版,2020 年 9 月第 1 次印刷
787mm×1092mm　1/16;12.25 印张;237 千字;186 页
39.80 元
冶金工业出版社　投稿电话　(010)64027932　投稿信箱　tougao@cnmip.com.cn
冶金工业出版社营销中心　电话　(010)64044283　传真　(010)64027893
冶金工业出版社天猫旗舰店　yjgycbs.tmall.com

前　言

本书遵循"工学结合""教学做一体化"的原则，结合职业教育的培养目标，坚持"以全面素质为基础，以能力为本位"的宗旨，针对自动控制原理教程的教学和基本技能要求，在与德国长期交流合作、总结多年教学经验的基础上编写而成。

自动控制原理是自动化等相关专业的基础课，是理论性很强的课程。本书在编写时，充分考虑高职高专学生的学习特点和应用型人才的培养要求，具有以下几个特点：

（1）为了培养学生具备相应的职业岗位能力，结合课程知识、能力与素质目标要求，本书采用项目化模式编写，注重自动控制理论与实际工程项目相结合，通过"项目问题"激发学生的学习兴趣，以项目实施为落脚点，让学生在解决实际工程问题过程中理解和掌握抽象的理论知识，从而达到学以致用的目的。

（2）本书内容选择合理，理论联系实际，简化理论推导，注重基本概念与原理的阐述与分析。为充分体现项目任务引领、实践导向的课程思想，本书在编写中还通过"做一做""想一想""查一查"等形式，引导学生在"教学做"过程中提高专业技能、掌握关键技术。对抽象难懂的知识点还借助 MATLAB 软件，提高学生的理解能力，增强学习效果。

（3）本书各项目都设有项目引入、信息收集、项目实施、项目评价、知识拓展，每个项目学习结束后设有知识梳理与项目小结，并配有相应的习题，以便学生复习、巩固所学。并采取多方位的过程评价体系，对学生有一个全面而客观的评价过程。

（4）书中部分内容融入德国的教学思路和解题方法，并比较了中德双方解题方法各自的优缺点，以拓宽学生的知识面，培养他们的创新思维。

　　本书在纸质教材的基础上，增加了视频、图片等数字资源，以二维码的形式插入在教材的相应位置。手机扫描二维码即可打开各种资源，读者可随时扫码观看和学习，以拓宽知识面，加深对较难理论知识的理解和应用，从而获得更好的学习效果。

　　本书由汪勤主编并统稿，丰飞参与编写。在编写过程中，作者参考了国内外有关优秀教材，在此向相关作者表示衷心感谢。

　　由于作者水平所限，书中难免有疏漏之处，恳请广大读者批评指正。

作者

2020 年 5 月

目　录

项目 1 人工液位系统控制方案的改进

1.1 项 目 引 入

1.1.1 项目描述

图 1-1 所示为人工控制液位示意图，该系统主要由现场液位计、手操阀、水箱、输入输出管道等几个主要组成部分构成。

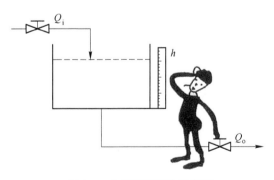

图 1-1 人工控制液位示意图

该液位系统原先主要通过人工操作来调节水箱的液位，操作人员要不时跑去现场，读取现场液位计的读数，并根据水位高低来操作出水口的阀门，使水位保持在期望的数值上。由于该人工操作系统的控制精度不高，生产效率太低。为提高生产率和产品质量，改善工作环境，企业要求对系统进行升级改造，设计一自动控制系统来替换原来的人工操作，请思考：

(1) 要添加哪些设备可以把人解放出来，实现自动控制呢？

(2) 对于一个设计好的自动控制系统，有哪些表示方法呢？

(3) 自动控制系统运行时，其性能指标有哪些？调试系统时又如何判断该系统性能已满足要求了呢？

1.1.2 项目任务分析

要实现自动控制,就是不需要人工干预,通过自动化装置代替人对系统进行控制,使之达到预期的状态或性能指标。在实现机器代替人类工作的过程中,自动控制技术始终是最核心的技术之一,被广泛应用于工农业生产、交通、经济和国防等各个领域。

若对人工液位控制系统方案进行改进,首先要了解自动控制技术的发展历程、自动控制系统的基本概念、结构及各部分功能,了解自动控制的控制方式及表达方式,以及自动控制系统运行的基本要求等基础知识,从而对自动控制系统有个整体的初步认识,并能设计出简单自动控制系统代替人工控制,实现对人工液位系统的升级改造。

1.2 信息收集

1.2.1 认识自动控制

在工、农业生产过程中,实现生产自动化、提高劳动生产率和产品质量、改善劳动条件等都离不开自动控制技术。如化工生产过程中为保证产品质量,对反应器进行液位、流量、温度、压力四大工艺参数的精确控制,农业生产中为让农作物苗壮成长对其生长环境的温湿度控制,数控车床加工零部件为保证加工精度对刀具的精确定位控制等。除了在工、农业上广泛应用外,近几十年来,随着计算机、通信等技术的飞速发展,在宇航、机器人、导弹制导及核动力等高新技术领域中,自动控制技术更发挥特别重要的作用。不仅如此,自动控制技术的应用范围目前已扩展到生物、医学、环境、交通、经济管理和其他许多社会生活领域中,成为现代社会生活中不可缺少的重要组成部分。

自动控制技术一般来说都是在人工控制技术的基础上产生和发展起来的,图1-2(a)所示热力人工控制系统,控制的目的是希望出口管道热水能保持给定的温度。因此在系统的出口管道处安装了一支温度计,用来测量热水的实际温度。现场操纵工始终监视着温度计,当发现水温高于期望

值时,就手动关小蒸汽输入阀门,减少输送到系统中的蒸汽量,以降低水温;当发现水温低于期望的温度时,就开大蒸汽输入阀门,使进入系统的蒸汽量增大,以提高水温。

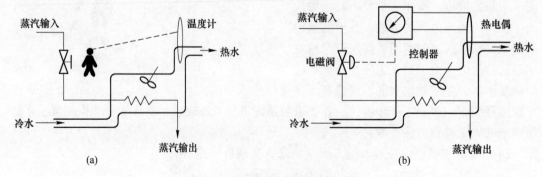

图1-2 热力系统的温度控制系统

(a)人工控制系统;(b)自动控制系统

从这个人工控制水温过程中可以看出，现场操作工主要经历了三个关键动作，首先是眼睛观察现场温度计，然后是大脑进行比较和思考并做出判断，最后是手动操作输入阀。如果要设计一个自动控制系统来取代现场操作工的工作，那么就必须在系统中增加一个能够模仿人并能完成整个操作过程的装置，将现场操作工的各个关键动作进行替代，如图 1-2（b）所示。

图 1-2（b）所示的自动控制系统的特点如下：

（1）用热电偶代替现场操作工的眼睛，完成对温度信号的检测，并将检测的信号转换成电压信号输出。

（2）用控制器来替代现场操作工的大脑。热电偶输出的电压信号送给控制器，由控制器来比较实际测量的温度是否与期望的温度值相同。

（3）用自动调节阀来取代现场操作工对人工阀门的操作。控制器将运算的结果送给自动调节阀，以决定是关小蒸汽阀门降低水温，还是开大蒸汽阀门来增加水温。

这样，当系统中增加了这些能模仿人进行判断和操作的控制设备后，这个热力系统就由人工操作变成了自动控制。因此，一般来说，所谓的自动控制就是在没有人直接参与的情况下，利用控制装置，使被控对象的某个物理量自动地按照预定的规律运行或变化的控制。这里的被控对象可以是某台机器设备、反应釜或某个生产过程。

通过对热力人工控制系统的分析，可以总结出自动控制的一般规律：

（1）所谓控制就是为了完成某种"目标"而采用的一整套的方法与步骤。而这些方法与步骤通常又包含了能够更好实现这些"目标"的最佳控制方案。

（2）所谓控制往往是对一个动态过程所实施的动态监测与动态调节过程。一个过程如果没有变化也就无所谓控制。

因此，自动控制系统是指能够对被控对象的工作状态进行自动控制的系统。它种类繁多，被控制的物理量也有各种各样，如温度、压力、流量、液位、电压、转速、密度、位移等。它可以只控制一个物理量，也可以控制多个物理量，甚至控制一个企业机构的全部生产和管理过程，它可以是一个具体的工程系统，也可以是比较抽象的社会系统、生态系统或经济系统。

1.2.2 控制系统的基本组成

尽管自动控制系统种类繁多，结构和用途各异，但他们的结构基本相同。一般来说，一个控制系统主要由被控对象和控制装置两大部分组成，而控制装置是由具有一定功能的各种基本元器件组成的，在不同系统中，结构完全不同的元器件可以具有相同的功能，因此，按功能分类，一个自动控系统主要有以下部分组成：被控对象、控制器、执行器、检测装置或传感器、给定元器件、比较器等，典型的自动控制系统组成框图如图 1-3 所示。

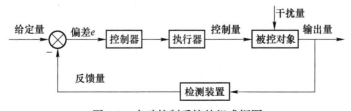

图 1-3　自动控制系统的组成框图

1. 被控对象

需要控制的工艺设备或工艺过程。例如：液位控制系统中的反应釜；转速控制系统中的电机、温度控制系统的加热炉等。

2. 检测装置

检测装置是能将一种信号进行检测处理并转换成另一种便于处理和使用的物理量的装置，如压力传感器、热电偶或测速发电机等。它是自动控制系统的"感觉器官"，通常包括检测部分和变送部分。检测部分一般与被测介质相关联，通过它感受被测变量的变化，并转换成便于测量的位移、电量或其他物理量。变送部分把检测部分输出的信号进行放大、转换、滤波和线性化处理等，输出标准化信号，如 4~20mA 电流或 1~5V 的电压等信号。例如工业生产过程中，热电偶一般用来检测物料温度，并把温度信号转换成毫伏级的电压信号输出。

3. 控制器

控制器又称补偿环节或校正元器件，其接收传感器送来的测量信号，并与被控量的设定值进行比较，得到实际测量值与给定值的偏差，然后根据偏差信号的大小和被控对象的动态特性，经过思维和推理，决定采用什么样的控制规律，以使被控量快速、平稳、准确地达到预定的给定值。控制器是自动控制系统的指挥中心，控制规律是自动化系统功能的主要体现，一般采用比例积分微分控制规律（PID）运算后输出控制系统的信号。例如，由集成运算放大电路（集成运放）组成的电压放大器就是一种最简单的控制器。

4. 执行器

执行器又称执行机构，其直接作用于被控对象使被控制量达到所要求的数值，它是自动化系统的手和脚。用来作为执行器的有自动调节阀、电动机、液压马达等。

5. 比较器

比较器是调节器的一个组成部分，它把检测装置检测到的被控量实际值与给定元器件给出的期望值进行比较，求出它们之间的偏差。常用的比较器有差动放大器、机械差动装置和电桥等。

6. 给定元器件

给定元器件是用来设定工艺期望参数的设备。类似如日常生活中空调的遥控器，可以设定期望的温度值。

另外，由图 1-3 可以看出，一个自动控制系统还包括如下 6 个变量：

（1）输入量：是指让自动控制系统按期望要求工作时的信号输入值，该物理量又常被称为给定量或参考量。

（2）输出量：指自动控制系统工作和动作的实际情况，它可以是任何被控制对象的实际输出值，如锅炉的温度，水箱的液位高度、电动机的转速等，该物理量又常被称为被控量。

（3）反馈量：是系统输出的一部分或全部。电气控制系统中的非电量一般要转换成电量。

（4）干扰量：是指引起输出量与期望值不一致的各种变化因素。它可以来自自动控制系统内部，如电子设备的零点漂移、温升导致器件参数变化等；也可以来自控制系统外部，如液位系统的管道压力波动、电网电压不稳定以及温度系统的外界环境温度变化等。

（5）偏差量：它是由输入量与反馈量比较得来的。这是一个非常重要的物理量，自动控制系统就是利用这个物理量以闭环方式来控制被控对象的。

（6）中间变量：它是系统各环节之间相互作用的信号。它是前一环节的输出量，后一环节的输入量。在抽象系统中，其中间变量的物理性质不一定相同，如电动机的输入信号是电量，而输出量一般是机械转矩。

1.2.3 控制系统的图形表示

要对某个自动控制系统进行分析与调试，就首先必须了解这个自动控制系统的工作原理。而要完成这个任务，了解自动控制系统由哪些相互关联的部件或装置组成就成为分析自动控制系统进行的首要条件。早期的自动控制系统由于其组成部件的结构简单，所以对它的分析总是借助系统本身的原理示意图来进行，如图 1-2 所示。在实际工业生产过程中，则常用带控制点的工艺流程图来表示一个自动控制系统。它是用文字符号和图形符号在工艺流程图上描述控制系统的原理图。常见的热交换器自动控制系统如图 1-4 所示。

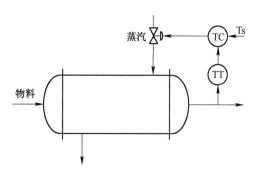

图 1-4　热交换器自动控制系统

其中的小圆圈表示仪表，第一个字母表示被测变量，后续字母表示仪表的功能。常用的被测变量和仪表功能的字母代号见表 1-1。

表 1-1　被测变量和仪表功能的字母代号

字　母	第一位字母		后继字母
	被测变量	修饰词	功能
A	分析		报警
C	电导率		控制（调节）
D	密度	差	
E	电压		检测元器件
F	流量	比（或分数）	
I	电流		批示
K	时间或时间程序		自动-手动操作器

续表 1-1

字　母	第一位字母		后继字母
	被测变量	修饰词	功能
L	物位		
M	水分或湿度		
P	压力或真空		
Q	数量或件数	积分、累积	积分、累积
R	放射性		记录或打印
S	速度或频率	安全	开关、连锁
T	温度		变送
V	黏度		阀、挡板、百叶窗
W	力		套管
Y	供选用		继动器或计算器
Z	位置		驱动、执行或未分类的终端执行机构

因此在图 1-4 所示的流程图中，TT 中第一个字母 T 表示被测变量为温度，第二个字母 T 表示变送器，即在管道出口处安装了一台温度变送器，用来检测出口处物料的温度，检测后的温度信号送给 TC 温度控制器，经过控制器运算输出信号来改变进入热交换器的蒸汽流量，从而维持出口处物料的温度。可见借助带控制点的流程图也可以清楚地了解生产的工艺流程与系统的控制方案。

然而，无论是原理示意图还是带控制点的工艺流程图，不但绘图麻烦，而且系统各环节之间的作用关系不明确。因此，为便于对控制系统进行分析和研究，一般用框图来表示系统的组成和作用。在框图中，每个方框代表一个具体的装置，两个方框之间用箭头表明各信号的传输方向，注意它并不代表物料的联系。热交换器控制系统如图 1-4 所示，由于系统的被控对象是热交换器，检测装置是温度变送器，该装置将测量的温度信号转变成电压信号输出给控制器，通过与给定电压比较后，输出信号来控制作为执行机构的电磁阀动作，从而保持热交换器出口处物料温度的稳定。因此该控制系统的组成框图如图 1-5 所示，其中的比较机构实际上只是控制器的一个组成部分，不是一台独立的仪表，在图中把它单独画出来是为了能更清楚

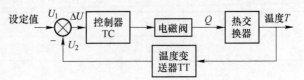

图 1-5　热交换器控制系统组成方框图

说明其比较作用，一般用 ⊗ 或 ○ 表示，负号则表示两信号相减，即形成负反馈。

由此可以看出，要画出一个实际控制系统的系统组成框图，就必须首先明确下面所给出的一些问题：

（1）被控对象是哪个？被控量是什么？

（2）测量元器件是什么？

（3）被控量通过什么装置来控制？执行机构又由哪些元器件组成？

（4）被控量与控制量之间是否存在关联？

下面再通过几个例子来说明如何分析系统的组成和绘制系统的组成框图。

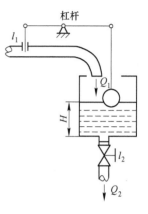

图 1-6 水位控制系统示意图

【例 1-1】绘制图 1-6 所示水位控制系统的组成框图，并分析其工作原理。

解：（1）被控对象：水箱；被控量：水箱液位。

（2）测量元器件：浮子。

（3）被控量水箱液位是通过调节进水管阀门开度来控制水的流量的，因此执行机构是阀门。

（4）被控量与控制量之间存在关联：浮球检测水箱液位信号→连杆动作→阀门开度改变→进水管流量改变。

因此可得水位控制系统的组成框图如图 1-7 所示。

图 1-7 水位控制系统组成框图

【例 1-2】绘制图 1-8 所示烘烤炉温度自动控制系统的组成框图，并分析其工作原理。

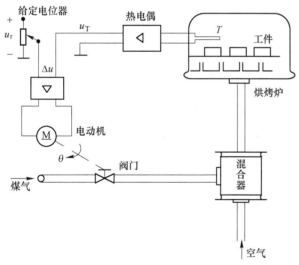

图 1-8 烘烤炉温度自动控制系统示意图

解：（1）被控对象：烘烤炉；被控量：烘烤炉的炉温。

（2）测量元器件：热电偶。它检测炉温并转换成比较小的毫伏级电压信号输出，因而通过放大器放大并输出与实际温度相对应的电压信号 u_T。

（3）被控量炉温是通过煤气与空气混合燃烧来调节的，相应的执行机构由电动机及传动装置组成。

（4）被控量与控制量之间存在关联：热电偶检测输出的电压信号与给定电位器设置的给定电压比较，输出信号通过放大器放大来改变电机转速。

具体工作原理分析：

（1）假定炉温恰好等于给定值，事先调整好。这时：$u_T = u_r$，电压差等于零，电机不转；煤气流量不变，烘炉处于恒温状态。

（2）如果增加工件，烘炉的负荷加大，而煤气流量一时没变，则炉温下降，热电偶检测后给出电压 u_T 下降，$\Delta u = u_r - u_T > 0$，Δu 经放大后的电压加到电机电枢两端，使得电机正向转动带动阀门开度加大，从而增加煤气供给量，炉温回升，直到重新回到给定值即 $u_T = u_r$ 为止。

（3）若工件减少，则温度上升，u_T 增大，$\Delta u = u_r - u_T < 0$，电机反转带动阀门关小，减小煤气流量，炉温下降，直到 $u_T = u_r$ 为止。

由此可得烘烤炉温度控制系统的组成框图如图 1-9 所示。

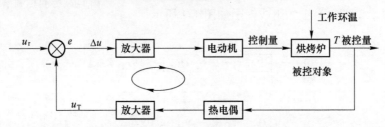

图 1-9　烘烤炉温度控制系统的组成框图

可见利用方框图来描述系统各组件之间的关系，可以避免绘制复杂的系统图过程，同时把系统中主要装置之间的相互作用关系简明扼要地表达了出来，从而为日后对系统进行定量分析奠定了基础。

1.2.4　系统的控制方式

自动控制系统一般有两种基本结构，对应着两种基本控制方式，即开环控制和闭环控制。

1. 开环控制

控制装置和被控对象之间只有顺向作用而无反向联系时称为开环控制，相应的控制系统称为开环控制系统。例如日常生活中的开灯事件，按下开关后的一瞬间，控制活动已经结束，灯是否亮起对按开关的这个活动没有影响；运动员投篮事件，篮球出手后就无法再继续对其控制，无论球进与否，球出手的一瞬间控制活动即结束。日常家电中的洗衣机就是一个开环控制系统，其浸湿、洗涤、漂洗和脱水过程就是根据设定的时间程序依次进行，而衣服洗涤清洁程度、脱水程度等结果没有测量和反馈。开环控制系统方框图如图1-10 所示。

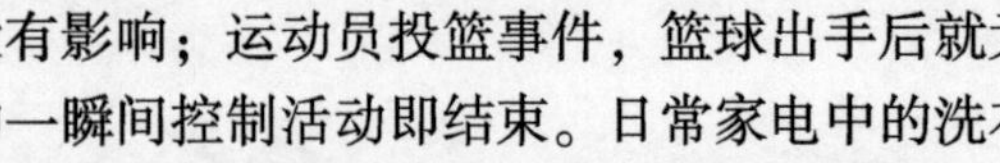

由图 1-10 中可看出，开环控制系统由于无反馈环节，结构和控制过程比较简单，系统稳定性好，

图 1-10　开环控制系统框图

成本低廉，易于实现。但受到各种干扰信号的影响，输出量发生变化时，系统没有自动调节能力，对扰动造成的偏差无法自动补偿。如图 1-11（a）所示的电加热炉的炉温控制系统就是一个开环控制系统，其对应的框图如图 1-11（b）所示，该系统中被控对象是加热炉，控制装置是功率放大器。

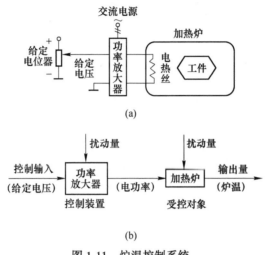

(a)

(b)

图 1-11　炉温控制系统

在该开环系统中，改变给定电位器的电压，经过功率放大器放大后去改变电热丝的供电电压，从而改变加热炉的炉温，使其保持在工艺所要求的温度。但是，加热炉内工件的加、减，电压波动甚至外界环境温度的变化都会使炉温发生变化，造成加热炉不能维持在期望的温度。

因此开环控制系统由于抑制干扰能力差，控制精度低，一般用于系统输入量变化规律能预先确知，且扰动因素不大，或者控制性能要求不高的场合。

2. 闭环控制

控制装置和被控对象之间不仅有顺向作用且有反向联系，即有被控量对控制过程的影响，这种控制称为闭环控制，又称为反馈控制。相应的系统称为闭环控制系统。例如图 1-12 所示的加热炉温系统为一闭环控制系统，与开环系统不同的是增加了温度传感器、变送器和控制器。温度传感器检测加热炉炉温信号，通过温度变送器将温度信号转换成对应的电压信号 U_f，并反馈到系统的输入端从而形成一个闭合的回路。此信号与给定电位器提供的工艺期望的温度值所对应的电压信号 U_r 进行比较，所得的偏差信号 e（$e = U_r - U_f$）通过功率放大器放大，改变电热丝的供电电压，从而使加热炉炉温维持在期望的数值上。其对应的控制框图如图 1-12（b）所示。

在该闭环控制系统中，加热炉温度取决于给定电位器的电压。对于工件增减、外界环境温度变化、电网波动等扰动信号引起的炉温变化，都可以通过自动调节加以抑制。例如若工件增加导致炉温下降，则温度传感器检测之后转换成对应的电压 U_f 减小，则偏差 e 增大，通过功率放大器放大后使电热丝的供电电压增大，从而使炉温上升直至温度偏差 $e = 0$ 为止，即使炉温保持恒定不变。

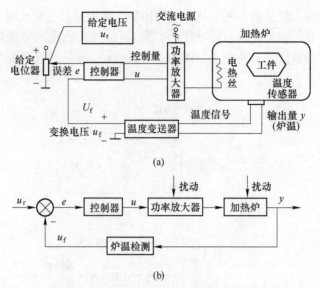

图 1-12　加热炉炉温控制系统

由此可见，与开环控制系统相比，闭环控制系统其控制作用是通过给定量与反馈量的差值进行的，无论是由干扰造成的，还是由结构参数的变化引起的，只要被控量出现偏差，系统就能自动纠偏。因而闭环系统具有良好的抗干扰性能，适用于控制精度较高或扰动较明显的场合，但闭环控制系统由于增加了检测和反馈部件，结构复杂、设计分析烦琐，成本也较高。

查一查

日常生活中有哪些系统属于开环控制方式？哪些系统属于闭环控制方式呢？

1.2.5　控制系统的分类

自动控制系统种类很多，应用范围也很广，因此分类方法也不同，常常从以下不同角度对其进行分类。

1. 按输入量变化的规律分类

（1）恒值控制系统。

恒值系统的给定量是恒定不变的，这种系统的输出量也相应保持恒定的。在工业生产过程中温度、压力、流量、液位这些物理量的控制都属于恒值控制，另外汽车巡航控制系统中的车速控制、电压稳定控制等都属于恒值控制系统。

（2）程序控制系统。

自动控制系统的被控制量如果是根据预先编好的程序进行控制的，则该系统称为程序控制系统。在对化工、交通、军事、造纸等生产过程进行控制时，常用到程序控制系统，如机械加工使用的数字程序控制机床、按加热曲线编好程序进行的热处理炉温系统、按事先设定的轨道飞行的洲际导弹系统等。在这类程序控制系统中，给定值是按预先的规律变化的，而程序控制系统则一直保持使被控制量与给定值的变化相适应。

(3) 随动控制系统。

输出量能以一定精度跟随给定值变化的系统称为随动控制系统，又称跟踪系统。这类系统的特点是系统的给定值的变化规律完全取决于事先不能确定的时间函数。其任务是要求输出量以一定的精度和速度跟踪参考输入量，跟踪的速度和精度是随动系统的两项主要性能指标。随动系统在航天、机械、造船、冶金等部门得到广泛应用。

2. 按照组成系统元器件的特性分类

(1) 线性系统。

线性系统是指构成系统的所有元器件都是线性元器件的系统。其动态性能可用线性微分方程描述，系统满足叠加性和齐次性。所谓叠加性就是当系统同时存在几个输入量作用时，其输出量等于各输入量单独作用时所产生的输出量之和；而齐次性则表示系统输入量增大或大幅度缩小时，系统输出量也按同一倍数增大或缩小。

(2) 非线性系统。

非线性系统是指构成系统的元器件中含有非线性元器件的系统。如元器件具有死区、饱和等非线性特性，其只能用非线性微分方程描述，不能运用叠加原理，但可以将一些非线性系统通过线性化处理之后再进行分析。

3. 按照系统中参数对时间的变化规律分类

(1) 连续系统。

控制系统中各部分的信号若都是时间 t 的连续函数，则称这类系统为连续控制系统。如工业生产中的液位、温度控制系统等。连续系统的运动规律通常可用微分方程表示。

(2) 离散系统。

如果系统内某处或数处信号是以脉冲序列或数码形式传递的系统则称为离散系统。其脉冲序列可由脉冲信号发生器或振荡器产生，也可用采样开关将连续信号变成脉冲序列，这类控制系统又称为采样控制系统或脉冲控制系统。而用数字计算机或数字控制器控制的系统又称为数字控制系统或计算机控制系统。

1.2.6 控制系统的性能要求

尽管自动控制系统有不同的类型，对每个系统也都有不同的特殊要求，但对于各类系统来说，在已知系统的结构和参数时，我们感兴趣的都是系统在某种典型输入信号作用下其被控变量变化的全过程。且对于一个实际的自动控制系统而言，无论这个自动控制系统所完成的任务是简单还是复杂，也无论采用何种策略完成任务，对每类系统被控量变化全过程提出的基本要求都是一样的，都可归结为稳定性、快速性和准确性，即稳、准、快的要求。

1. 稳定性

稳定性是系统重新恢复平衡状态的能力，任何能够正常工作的自动控制系统，首先必须是稳定的，稳定是对自动控制系统的最基本要求。

当系统受到扰动的作用或者输入量发生变化时被控量会发生变化偏离给定值，由于控制系统中一般都含有储能元器件或惯性元器件，而这些元器件的能量不可能突变，因此被控量不可能马上恢复到期望值或者达到某个新的平衡状态，而总是要经过一段过渡过程。通常把这个过程称为动态过程，而把被控量达到的平衡状态称为稳态。对于稳定的系统其被控量偏移期望值的偏差应随着时间的增长逐渐减小并趋向于零，如图 1-13（a）所示。而偏差若呈等幅震荡状态如图 1-13（b）所示则系统为临界稳定的；若呈发散状态如图 1-13（c）所示，则系统为不稳定的。一般线性系统的稳定性和系统的结构和参数有关，与外界因素无关。

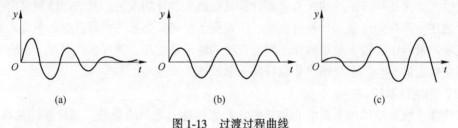

图 1-13　过渡过程曲线

2. 快速性

在系统稳定的前提下，系统的快速性表现为系统输出量对输入量响应的快速程度。用系统从一个稳态过渡到另一个稳态的动态过程所经历的时间的长短来表示系统的快速性，系统动态过程所用时间越短，其快速性就越好。如图 1-14 所示，系统图 1-14（b）进入稳态的速度明显比系统图 1-14（a）要快。

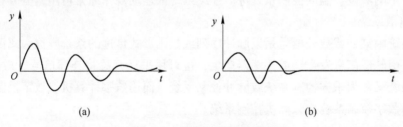

图 1-14　系统过渡过程曲线

3. 准确性

准确性是对系统稳态的要求，它用稳态误差来衡量。对于稳定的系统，当过渡过程结束后，系统期望值与输出值的实际值之差称为稳态误差，它是衡量系统稳态性能的重要指标。稳态误差越小表示系统的准确度越好，控制精度越高。

由于被控对象的具体情况不同，各种系统对稳、准、快的要求应有所侧重。例如恒值控制系统一般对稳态性能要求比较严格，而随动控制系统一般对动态性能要求较高。而系统稳、准、快是相互影响，相互制约的。过分提高响应系统的快速性可能会导致系统稳定性不好而产生强烈振荡。而过分追求系统的平稳性，又可能使系统反应迟钝从而使控制过程时间延长，最终导致控制精度也变差。因而如何分析与解决这些矛盾是自动控制理论研究的重要内容。

1.3　项　目　实　施

"人工液位控制系统方案改进"项目任务单见表1-2。

表1-2　"人工液位控制系统方案改进"项目任务单

编制部门：_____　编制人：_____　编制日期：_____

项目编号	1	项目任务名称	人工液位控制系统方案改进	完成工时	4
项目所含知识技能	(1) 能对人工控制系统方案进行初步改进； (2) 能分析自动控制系统工作原理并正确选择控制系统各组件； (3) 能规范绘制常用带控制点的工艺流程图； (4) 能正确绘制控制系统的方框图； (5) 能正确评价控制系统的运行性能				
任务要求	(1) 分小组讨论人工液位系统控制要求，选择构成液位自动控制系统所需的组件，提出初步改进方案； (2) 分析液位自动控制系统工作原理； (3) 规范绘制带控制点的工艺流程图； (4) 绘制液位自动控制系统方框图； (5) 分析液位控制系统运行时的性能指标及其评价方法； (6) 提交项目报告书并进行小组汇报				
材料	(1) 教材； (2) 项目任务单； (3) 数据查询手册及操作资料； (4) 课程相关网站、互联网检索等				
提交成果	提交人工液位系统改造初步方案，包括： (1) 改造后的液位自动控制系统原理分析； (2) 液位自动控制系统工艺流程图； (3) 液位自动控制系统的方框图； (4) 液位控制系统运行时的性能指标及其评价方法				

项目实施内容及实施过程

（1）液位自动控制系统控制要求分析。

分小组讨论图1-1所示的人工液位控制系统，并回答以下各问题：

1）液位控制系统的被控对象是_____；被控量是_____。

2）水箱的液位可通过改变_____来改变，因此要实现自动控制必须将原来的人工控制阀改为_____阀。

3）要控制系统液位，必须增加_____来检测实际液位。

4）自动控制系统是根据实际值与测量值的偏差来进行调节的，要实现比较运算功能，必须增加控制的核心部件_____。

（2）液位系统带控制点的工艺流程图的设计和绘制。

根据液位系统的控制要求，在图1-15液位系统的工艺图中绘制带控制点的工艺流程图。

（3）分析液位自动控制系统的工作
原理。

（4）绘制液位自动控制系统的方
框图。

（5）讨论所设计的液位自动控制系统
是否设计合理，并说明调试时该系统必须
满足哪几个性能要求，如何判断系统是否
满足运行要求。

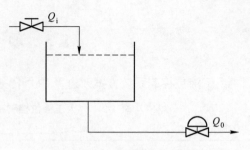

图 1-15 液位系统的工艺图

项目拓展

课后查询一个自动控制系统的技术手册，将其主要部件的型号、部件的工作原理、安
装要求及检测等操作规程填写于表 1-3 中。

表 1-3 液位自动控制系统各主要部件

名 称	型 号	工作原理	安装要求	检测等操作规程或使用注意事项
测量变送器				
执行器				
调节器				
被控对象				

1.4 项目评价

根据表 1-4 项目验收单完成对本项目的评价。

表 1-4 "人工液位控制系统方案改进"项目验收单

项目名称：＿＿＿＿＿＿＿＿＿ 项目成员：＿＿＿＿＿＿＿＿＿

姓名		学号		班级			
				专业			
评分内容		配分	评分标准	得分			失分原因分析
				自评	互评	教师评价	
I 信息收集能力	信息获取及归纳	10	资料、信息收集记录能力，内容完善度				
		5	信息收集归纳能力				

续表1-4

评分内容		配分	评分标准	得分			失分原因分析
				自评	互评	教师评价	
II 知识分析运用能力	方案设计	15	控制系统工作原理分析正确性				
		15	流程图绘制是否规范				
		15	方框图绘制是否正确				
		15	性能评价问题分析是否正确				
III 报告书写及表达能力	报告描述及汇报	5	报告书写是否规范、语句是否通顺等				
		5	拓展任务完成情况				
		5	是否按时完成项目报告				
		5	汇报过程语言表达能力等				
IV 职业素养	课堂表现	5	学习态度、纪律、小组讨论参与度等				
评分因子				0.2	0.2	0.6	

1.5 知识拓展

读一读

MATLAB 仿真软件

1. MATLAB 软件简介

MATLAB 仿真软件已经成为国际上流行的控制系统计算机辅助设计软件,可以进行高级数学分析与运算,用作动态系统的建模与仿真。MATLAB 是以复数矩阵作为基本编程单元的一种程序设计语言,它提供了各种矩阵运算与操作,并具有强大的绘图功能和强有力的系统仿真功能。

本节主要介绍 MATLAB 的基本功能、常用的命令及 MATLAB 仿真软件的基本操作。在控制科学的发展进程中,控制系统的计算机辅助设计对于控制理论的研究和应用一直起着很重要的作用。

2. MATLAB 的运算基础

(1) 常量。

MATLAB 中使用的常量有实数常量与复数常量两类。常量可以使用传统的十进制计数法表示,也可以使用科学计数法来表示。如下列的描述都是合法的:

$$100 \quad -99 \quad 30.016 \quad 1.5e^{-10} \quad 4.5e^{30}$$

复数由实部与虚部组成，常利用如下语句生成：

$$Z = a + bj \quad 或 \quad Z = r * \exp(\theta * j)$$

式中，r 是复数的模；θ 是复数的幅角，以弧度表示。

（2）变量。

MATLAB 中的变量可以直接赋值，无须事先定义变量类型。在赋值过程中，如果赋值变量已存在，MATLAB 将使用新值代替旧值，并以新值的类型代替旧值的类型。

MATLAB 变量的命名不是任意的，遵循如下规则：

1）变量名应以英文字母开头。

2）变量名可以由字母、数字和下划线混合组成。

3）变量名中不得包含空格和标点，但可以包含下划线。如"my_var_121"是合法的变量名，且读起来更方便。而"my, var121"由于逗号的分隔，就不是一个合法的变量名。

4）MATLAB 区分变量大小写。如变量"myvar"和"MyVar"表示两个不同的变量。

MATLAB 中还设置了一些特殊的变量和常量，如表 1-5 所示，列举了一些常见的特殊变量及其意义。

表 1-5　特殊变量及常量

变 量 名	意 义
help	在线帮助，如 help quit
who	列出所有定义过的变量名称
ans	默认的用来表示计算结果的变量名
eps	极小值 = $2.2204e^{-16}$
pi	π值
inf	无穷大的数∞
nan	非数值

（3）基本运算符。

MATLAB 提供的基本算术运算有：加、减、乘、除、幂次方。其算术运算符如表 1-6 所示。MATLAB 提供的关系和逻辑运算符与其他软件基本相同，主要由与、或、非等逻辑运算。

表 1-6　基本运算符

	数学表达式	MATLAB 运算符	MATLAB 表达式
加	a + b	+	a+b
减	a−b	−	a−b
乘	a × b	*	a * b
除	a ÷ b	左除/或右除 \	a/b 或 a \ b
幂	a^b	^	a^b

3. MATLAB 的基本功能

（1）运算功能。

MATLAB 的基本特性之一就是数学运算功能，用户可以在命令窗口中随心所欲地进行各种数学演算，就如同在草稿纸上进行算术运算一样方便。

【例 1-3】 求算术运算 $[9 \times (10 - 1) + 19] \div 2^2$ 的结果。

解：（1）在 MATLAB 命令窗口中输入：

\>> $(9 * (10 - 1) + 19)/2\hat{\ }2$

（2）在上述表达式输入完成后，按"回车"键，该命令被执行。

（3）在命令执行后，MATLAB 命令窗口中将显示下述结果：

ans =

   25

说明：

① 在全部输入一个命令行内容后，必须按下回车键，该命令才会被执行。但注意，不只是在命令行的末尾处才可执行此操作，在一个命令行中的任一处均可执行此项操作。

② 命令行行首的符号"＞＞"是命令输入提示符，如前所述，它由 MATLAB 自动产生，用户不必输入。

③ MATLAB 的运算符号（如+、－、＊、/等）都是各种计算程序中常见的习惯符号，且运算符号均为西文字符，不能在中文状态下输入。

④ 运行结果中显示的"ans"是英文"answer"的缩写，它是 MATLAB 的一个默认变量。

⑤ 如果不需要显示本例的计算结果，可以在命令行末尾添加分号"；"。对于以分号结尾的命令行语句，尽管该命令已执行，但 MATLAB 不会把其运算结果显示在命令窗口中。

除了基本的算术运算，MATLAB 还擅长数组（array）及矩阵（matrix）运算。在 MATLAB 环境下，输入一行矢量很简单，只需要使用方括号，并且每个元素之间用空格或逗号隔开即可。

【例 1-4】 矩阵算术乘运算演示。

解：在 MATLAB 命令窗口中输入：

\>> A = [1, 2, 3; 4, 5, 6; 7, 8, 9];

\>> B = [1, 2, 3; 4, 5, 6; 7, 8, 9];

\>> C = A ＊ B   %算术乘，按矩阵乘法规则进行运算

运行结果为：

C =

30	36	42
66	81	96
102	126	150

而多项式可以表示成以降阶排列含有多项式系数的矢量。利用求根（root）命令，可以求得多项式的根。

【**例 1-5**】 求方程 $2s^3+10s^2+13s+4=0$ 的特征根。

解：在 MATLAB 中输入以下语句：

\>\> P = ［2 10 13 4］

\>\> roots（P）

运行结果为：

ans = -3. 1246

　　　　-1. 4268

　　　　-0. 4486

而求多项式（poly）命令的功能是由多项式的根求得一个多项式，它的结果是由多项式系数组成的行矢量，可以说是 root 命令的逆运算。

（2）绘图功能。

MATLAB 软件具有很强的绘图功能，只需键入简单的指令，就可绘制用户所需的图形。常见的绘图命令主要有以下几种：

1）二维曲线绘图命令 plot。

plot 命令的基本格式是：plot（x 数组，y 数组，′颜色图标′），如需要在同一图中画多根曲线，只需依照此基本格式往后追加其他的 x 和 y 的数组即可。

【**例 1-6**】 已知函数 $y(x)=\sin x\cos x$，且 $x\in$ ［0，π］，绘制 $y(x)$ 曲线。

解：在 MATLAB 命令窗口中输入：

\>\> x = 0：0. 01 * pi：pi；　　　%　在 0~π 以每次 0.01π 增加 x 的数值。

\>\> y = sin(x). * cos(x)；

\>\> plot(x，y)　　　　　　　　　　%绘制二维函数曲线，如图 1-16 所示。

【**例 1-7**】 已知函数 $y_1(x)=\mathrm{e}^{-0.1x}\sin x$，$y_2(x)=\mathrm{e}^{-0.1x}\sin(x+1)$，且 $x\in$ ［0，4π］，绘制 $y_1(x)$ 及 $y_2(x)$ 曲线。

解：在 MATLAB 命令窗口中输入：

\>\> x = 0：0. 5：4 * pi；

\>\> y1 = exp(-0. 1 * x). * sin(x)；

\>\> y2 = exp(-0. 1 * x). * sin(x+1)；

\>\> plot(x，y1，x，y2)　　　　　　%在同一坐标图上分别绘制正弦和余弦曲线，如图1-17 所示。

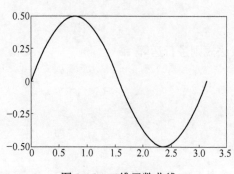

图 1-16　二维函数曲线

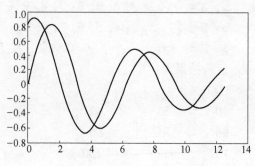

图 1-17　正弦和余弦曲线

2）半对数坐标图绘制指令 semilogx 和 semilogy。

用指令 semilogx 绘制半对数坐标图形时，x 轴取以 10 为底的对数，y 轴为线性坐标。

用指令 semilogy 绘制半对数坐标图形时，y 轴取以 10 为底的对数，x 轴为线性坐标。

【例 1-8】 使用 semilogx 命令，绘制如图 1-18 所示的曲线。

解： 在 MATLAB 命令窗口中输入：

```
>> x=0. 1：10：100
>> y=log10(x);
>> semilogx(x, y)      %绘制半对数坐标图。
```

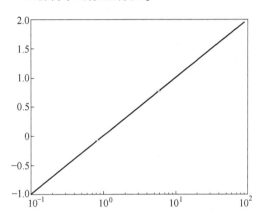

图 1-18　半对数坐标曲线

一旦在屏幕上显示出图形，就可以依次输入以下相应的命令将网络格线、图形标题、x、y 轴标记叠加在图形上。命令格式如下：

grid （网络线）

title（'图形标题'）

xlabel（'x 轴标记'）

ylabel（'y 轴标记'）

函数引号内的字符串将被写到图形的坐标轴上或标题位置。

1.6　项 目 小 结

本项目以人工液位系统控制方案的升级改造为工程实例引导介绍了自动控制系统的基本概念、表达方式、控制方式及系统性能的评价，从而对控制系统有个整体的认识。

自动控制是指在没有人直接参与的情况下，利用控制装置对被控对象进行控制，使被控量按照预定的规律进行运动或变化。

自动控制系统通常由给定元器件、控制器、执行器、检测装置、被控对象和比较元器件等部件组成。系统常用的信号量主要有输入量、偏差量、反馈量、扰动量、输出量和各中间变量。

自动控制系统的表示方法常用的有流程图和组成框图。为便于对控制系统进行分析和研究，一般用框图来表示系统的组成和作用。

自动控制的基本方式有开环控制和闭环控制两种。若只有输入量的前向控制作用，而输出量并不返回，这样的系统称为开环控制系统。开环控制系统的特点是结构简单、稳定性好，但抗扰动能力较差，控制精度也不高，因而只适用于对系统稳态特性要求不高的场合。若系统输出量通过反馈环节返回，作用于系统的控制部分，形成闭合回路，这样的系统称为闭环控制系统。闭环控制系统虽然结构复杂、成本较高，但控制精度高，抗扰动能力强，适用范围广。

自动控制系统可按不同分类方法进行分类，不同类别的系统有着不同的特点和要求。对自动控制系统性能指标的要求主要是稳、快、准。在同一系统中，三者相互影响相互制约的。在实际系统的分析与设计中，应在满足主要性能指标的同时，兼顾其他性能指标。

MATLAB 是一个功能强大、界面友好、使用方便、有着完善数值分析和科学计算的软件包，在自动控制系统的分析与设计中获得了广泛的应用。

1.7　习　　题

1. 填空题

（1）自动控制是_____；自动控制系统是_____。

（2）自动控制系统主要由_____、_____、_____和_____四大部分组成。

（3）自动控制系统的控制方式有_____方式和_____方式，其中_____方式无反馈。

（4）衡量一个自动控制系统技术性能好坏的指标主要有_____、_____、_____三个指标，其中_____指标是对自动控制系统最基本的要求。在同一系统中，这三者相互_____。

2. 选择题

（1）主要用于产生输入信号的元器件称为（　　）。

　　A. 比较元器件　　　　B. 给定元器件　　　　C. 反馈元器件　　　　D. 放大元器件

（2）对于代表两个或两个以上输入信号进行（　　）的元器件又称比较器。

　　A. 微分　　　　　　　B. 相乘　　　　　　　C. 加减　　　　　　　D. 相除

（3）与开环控制系统相比较，闭环控制系统通常对（　　）进行直接或间接地测量，通过反馈环节去影响控制信号。

　　A. 输出量　　　　　　B. 输入量　　　　　　C. 扰动量　　　　　　D. 设定量

（4）以下各系统，属于闭环控制方式的有（　　）。

　　A. 洗衣机　　　　　　B. 多速风扇　　　　　C. 调光台灯　　　　　D. 电冰箱

（5）下列控制系统属于定值系统的有（　　）。

　　A. 函数记录仪　　　　B. 数控机床　　　　　C. 自动跟踪雷达　　　D. 空调

（6）若自动控制系统的调节时间短，则说明（　　）。

　　A. 系统响应快　　　　　　　　　　　　　　B. 系统响应慢

　　C. 系统的稳定性差　　　　　　　　　　　　D. 系统的精度差

（7）随动系统一般对（ ）要求较高。

  A. 快速性   B. 稳定性   C. 准确性   D. 振荡次数

（8）若系统中各部分的信号都是时间 t 的连续函数，这样的控制系统称为（ ）。

  A. 恒值调节系统   B. 随动系统

  C. 连续控制系统   D. 数字控制系统

3. 分析题

（1）图 1-19 为工业炉温自动控制系统的工作原理图。分析系统的工作原理，指出检测元器件、控制器、执行元器件、被控对象、被控量和给定量，并画出系统方框图。

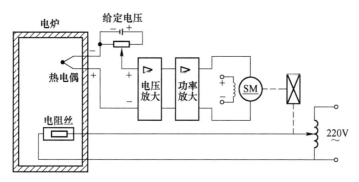

图 1-19 分析题（1）图

（2）如图 1-20 所示为奶粉干燥控制系统，试分析该系统工作原理并画出控制系统方框图。

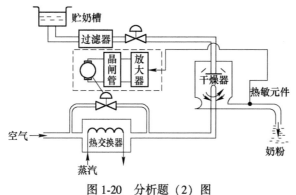

图 1-20 分析题（2）图

（3）某换热器出口温度简单控制系统，如图 1-21 所示，被控变量为换热器出口温度，操纵变量为载热体流量。1）试设计换热器出口温度简单控制系统带控制点工艺流程图。2）画出控制系统方框图。

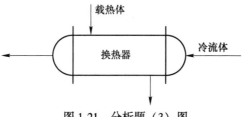

图 1-21 分析题（3）图

（4）根据图 1-22 所示的电动机速度控制系统工作原理图，完成：

1）将 a、b 与 c、d 用线连接成负反馈系统；

2）指出被控对象、检测元器件、被控量、给定量和干扰量，并画出系统方框图。

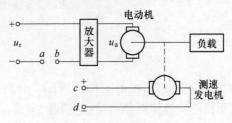

图 1-22　分析题（4）图

项目 2　电机转速系统数学模型的建立

2.1　项 目 引 入

2.1.1　项目描述

图 2-1 所示为直流电机转速控制系统，该系统主要由放大器、晶闸管整流触发装置、直流电动机以及测速发电机等几个主要组成部分构成。为了保持直流电动机的转速恒定，利用测速发电机检测直流电动机的转速并转换成对应的电压输出，该电压信号与期望的转速所对应的给定电压进行比较、放大后通过改变触发装置的触发电压及晶闸管的导通角，从而改变直流电机的输入电压，进而使直流电动机维持在工艺所要求的转速值。

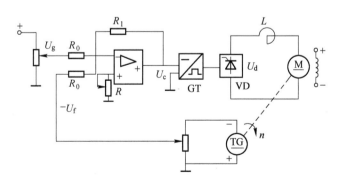

图 2-1　电机转速控制系统原理图

该项目要求对电机转速控制系统按功能划分各环节，建立各环节的数学模型，连接并绘制控制系统结构图，最后化简系统各环节至最简的数学模型表达式。

2.1.2　项目任务分析

研究一个自动控制系统，除了对系统进行定性分析之外，还必须对其进行定量分析。而对系统进行定量分析之前的首要任务是要建立控制系统的运动方程即数学模型，然后才可以进一步分析和探讨改善系统的稳态和动态性能的方法，对系统进行上机仿真分析之前也必须建立能以足够精度反映系统工作实质的数学模型，才可以对系统的性能做进一步的仿真分析。

本项目以电机转速控制系统为建模案例，学会如何用数学的方法来分析和解决控制系统问题，即掌握建立系统数学模型的方法、学会分析各模型的特点和内在联系以及化简系统的数学模型。

2.2　信　息　收　集

2.2.1　认识系统的数学模型

研究一个自动控制系统，不仅要定性分析系统的组成、功能和工作原理，还要定量分析系统的动、静态性能。这就需要了解控制系统各变量之间的相互关系。这些能描述系统输入量、输出量以及内部各变量之间相互关系的数学表达式称为数学模型。

建立数学模型的方法有解析法和实验法，解析法是对系统各部分的运行机理进行分析，并根据系统的动态特性，即通过决定系统特征的物理或化学定律得到。例如，建立电气网络的数学模型可以基于基尔霍夫定律；建立机械系统的数学模型则是基于牛顿运动定律等。用解析法建立数学模型时一般应根据系统的实际结构参数及计算所要求的精度，忽略一些次要因素，使数学模型既能反映系统的动态特性，又能简化分析、计算。实验法是人为地给系统输入某个测试信号，然后记录其响应，并用适当的模型去逼近，实验法又称为系统辨识，近年来已发展为一门独立的学科分支。

在经典控制理论中，常用的数学模型有微分方程、传递函数和系统框图，它们反映了系统的输出量、输入量和内部各种变量间的关系，也反映了系统的内在特性，是经典控制理论中时域分析法、频域分析法等分析方法的基础。

2.2.2　控制系统的微分方程

由于微分方程中各变量的导数反映了它们随时间变化的特性，例如在运动过程中，一阶导数可以表示速度，二阶导数可以表示加速度等，因此，微分方程可以描述控制系统的动态特性，是控制系统中最基本的数学模型，它也是研究其他模型的基础。

用解析法列写微分方程的一般步骤如下：

（1）根据系统或元器件的工作原理，确定系统和各元器件的输入和输出量。

（2）从输入端开始，按照信号的传递顺序，根据各变量所遵循的物理、化学定律或电工定理，忽略一些次要因素，列写每个元器件的运动方程。

（3）消除中间变量，求出描述输入、输出信号的微分方程式。

（4）标准化，即将与输入变量有关的各项放在“＝”的右侧，与输出变量有关的各项放在“＝”的左侧，并按降幂排列。

【例 2-1】 *RLC* 无源网络如图 2-2 所示，试列写输入 $u_i(t)$、输出电压 $u_o(t)$ 之间的动态方程。

解：（1）确定输入量与输出量。

系统输入量为系统输入电压 $u_i(t)$、输出量为电容两端电压 $u_C(t)$。

（2）列方程。

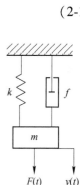

图 2-2 *RLC* 无源网络

设回路电流为 i，由基尔霍夫定律可写出回路方程为：

$$L\frac{\mathrm{d}i(t)}{\mathrm{d}t} + \frac{1}{c}\int i(t)\,\mathrm{d}t + Ri(t) = u_i(t)$$

$$u_o(t) = \frac{1}{c}\int i(t)\,\mathrm{d}t$$

（3）消去中间变量 $i(t)$，可得到描述电路输入、输出关系的微分方程为：

$$LC\frac{\mathrm{d}^2 u_o(t)}{\mathrm{d}t^2} + RC\frac{\mathrm{d}u_o(t)}{\mathrm{d}t} + u_o(t) = u_i(t) \tag{2-1}$$

【例 2-2】 弹簧-质量-阻尼器系统如图 2-3 所示。其中 K 为弹簧的弹性系数，f 为阻尼器的阻尼系数，试列写质量 m 的物体在外力 $F(t)$ 作用下和输出位移 $y(t)$ 之间的运动方程。（其中物体重力忽略不计）

分析： 在外力的作用下，质量为 m 的物体将产生加速度，从而产生速度和位移，因而 $F(t)$ 与位移方向相同。而物体的位移和速度使弹簧和阻尼器产生弹性力 $F_k(t)$ 和黏性阻力 $F_f(t)$，这两个力都反作用于物体上，阻碍物体运行，从而使物体的速度和位移随时间发生变化，产生动态过程。

解：（1）确定输入量与输出量。

系统输入量为外力 $F(t)$，输出量为位移 $y(t)$。

（2）列方程。

由于阻尼器黏性阻力 $F_f(t)$ 与物体运动的速度成正比，即：

$$F_f(t) = f\frac{\mathrm{d}y(t)}{\mathrm{d}t} \tag{2-2}$$

弹簧拉力 $F_k(t)$ 与位移成正比，即：

$$F_k(t) = Ky(t) \tag{2-3}$$

根据物体受力情况，由牛顿力学第二定律可得：

$$F(t) - F_k(t) - F_f(t) = m\frac{\mathrm{d}^2 y(t)}{\mathrm{d}^2 t} \tag{2-4}$$

（3）将式（2-2）和式（2-3）代入式（2-4），最后整理可得：

$$m\frac{\mathrm{d}^2 y(t)}{\mathrm{d}^2 t} + f\frac{\mathrm{d}y(t)}{\mathrm{d}t} + ky(t) = F(t) \tag{2-5}$$

比较式（2-1）和式（2-5）可知，两个系统微分方程的形式相同，若对应系数也相等，则表明两个系统的动态性能也相同。这就表明两个物理结构不同的控制系统却可以有相同的数学模型，即它们输入输出的动态特性是相同的，在计算机仿真时就可以用同一种形式的

图 2-3 弹簧-
质量-阻尼系统

数学表达式替代它们，并对其特性进行分析。

查一查

还有哪些系统，它们的物理结构不同，却有相同的动态特性呢？

2.2.3 控制系统的传递函数

微分方程是时域内描述系统动态的数学模型，当控制系统微分方程列出后，只要给定输入量的初始条件，便可对微分方程求解，并在时域内对系统进行定量分析。但当微分方程阶次较高时，求解就变得非常困难。而用拉普拉斯变换能将其转换到复数域的传递函数进行处理，这样便可以将复杂的微分方程转变成代数方程求解，使求解过程大为简化，给控制系统性能的分析带来方便。

1. 拉普拉斯变换及其运算定理

如果有一个以时间 t 为自变量的函数 $f(t)$，它的定义域 $t \geq 0$，那么下式即是拉氏变换式：

$$F(s) = L[f(t)] = \int_0^\infty f(t)e^{-st}dt$$

式中，s 为复数，$F(s)$ 称为象函数，$f(t)$ 称为原函数。拉氏变换是一种单值变换，$F(s)$ 和 $f(t)$ 之间具有一一对应的关系。

一般说来，用拉普拉斯变换的定义求取原函数的象函数是一个十分复杂运算过程。因此在工程应用中往往借助拉普拉斯变换对照表，并通过简单的函数分解，将原函数分解成表中所列的标准函数式样，然后利用拉普拉斯变换的运算定理，并通过查表的方法求取其象函数。

常用函数的拉普拉斯变换对照表见表 2-1。

表 2-1 拉普拉斯变换对照表

序号	函数名称	原函数 $f(t)$	象函数 $F(s)$
1	单位脉冲函数	$\delta(t)$	1
2	单位阶跃函数	$1(t)$	$\dfrac{1}{s}$
3	单位斜坡函数	t	$\dfrac{1}{s^2}$
4	单位指数函数	e^{-at}	$\dfrac{1}{s+a}$
5	幂函数	t^n	$\dfrac{n!}{s^{n+1}}$
6	复合函数	te^{-at}	$\dfrac{1}{(s+a)^2}$
7	复合函数	$t^n e^{-at}$	$\dfrac{n!}{(s+a)^{n+1}}$
8	单位正弦函数	$\sin\omega t$	$\dfrac{\omega}{s^2+\omega^2}$

序号	函数名称	原函数 $f(t)$	象函数 $F(s)$
9	单位余弦函数	$\cos\omega t$	$\dfrac{s}{s^2+\omega^2}$
10	复合函数	$\mathrm{e}^{-at}\cos\omega t$	$\dfrac{s+a}{(s+a)^2+\omega^2}$

常用的拉普拉斯变换定理有：

（1）线性定理。

两个函数代数和的拉氏变换等于两个函数拉氏变换之和。即：

$$L[f_1(t)]=F_1(s)，L[f_2(t)]=F_2(s)，若 f(t)=f_1(t)+f_2(t)，则 F(s)=F_1(s)+F_2(s)$$

（2）微分定理。

若初始条件为零时，即 $f(0)=0$ 时，则：

$$L[f'(t)]=s\cdot F(s)-f(0)=s\cdot F(s)$$

同理，若初始条件 $f(0)=f'(0)=\cdots=f^{n-1}(0)=0$ 时，则：

$$L[f^n(t)]=s^n F(s)$$

上式表明，在初始条件为零的前提下，原函数的 n 阶导数的拉氏变换等于其象函数乘以 s^n。通过这样的转换可以使函数的微分运算变成代数运算，使计算简便。

（3）积分定理。

初始条件为零时，即 $f(0)=0$ 时，则：

$$L\left[\int_{0^-}^{t}f(t)\,\mathrm{d}t\right]=\frac{F(s)}{s}$$

同理，若初始条件 $f(0)=f'(0)=\cdots=f^{n-1}(0)=0$ 时，则：

$$L\left[\underbrace{\int\cdots\int}_{n}f(t)\,\mathrm{d}t^n\right]=\frac{1}{s^n}\cdot F(s)$$

上式表明，在零初始条件下，原函数 n 重积分的拉氏变换等于其象函数除以 s^n。它可以说是微分定理的逆运算，也是比较重要的运算定理。

（4）初值定理。

$$\lim_{t\to 0}f(t)=\lim_{s\to\infty}sF(s)$$

初值定理一般用来分析计算控制系统的起始值。

（5）终值定理。

$$\lim_{t\to\infty}f(t)=\lim_{s\to 0}sF(s)$$

终值定理经常用来分析研究系统的稳态性能，如可用来分析计算一个控制系统在受到干扰之后最终稳定所处的数值，或分析计算系统的稳态误差等。

（6）延迟定理。

当原函数 $f(t)$ 延迟了 τ，即成为 $f(t-\tau)$ 时，则 $L[f(t-\tau)]=\mathrm{e}^{-\tau}L[f(t)]$，延迟定理一般用来分析纯滞后控制系统。

2. 传递函数的定义

传递函数是线性定常系统在零初始条件下，系统输出量的拉氏变换与输入量的拉氏变换之比。所谓零初始条件即指输入量在 $t \geqslant 0$ 时才作用于系统或指系统输入量加于系统之前系统已处于稳定工作状态。

线性系统微分方程的一般形式为：

$$a_0 \frac{\mathrm{d}^n}{\mathrm{d}t^n}c(t) + a_1 \frac{\mathrm{d}^{n-1}}{\mathrm{d}t^{n-1}}c(t) + \cdots + a_{n-1} \frac{\mathrm{d}}{\mathrm{d}t}c(t) + a_n c(t)$$

$$= b_0 \frac{\mathrm{d}^m}{\mathrm{d}t^m}r(t) + b_1 \frac{\mathrm{d}^{m-1}}{\mathrm{d}t^{m-1}}r(t) + \cdots + b_{m-1} \frac{\mathrm{d}}{\mathrm{d}t}r(t) + b_m r(t)$$

在初始条件为零时，对方程两边进行拉普拉斯变换，经整理得：

$$G(s) = \frac{C(s)}{R(s)} = \frac{b_0 s^m + b_1 s^{m-1} + \cdots + b_{m-1}s + b_m}{a_0 s^n + a_1 s^{n-1} + \cdots + a_{n-1}s + a_n} = \frac{M(s)}{N(s)} \tag{2-6}$$

式中，$M(s)$ 为传递函数分子多项式；$N(s)$ 为传递函数分母多项式。

对式（2-6）分子分母因式分解，传递函数还可以写成下面的零、极点形式：

$$G(s) = k \frac{(s+z_0)(s+z_1)\cdots(s+z_m)}{(s+p_0)(s+p_1)\cdots(s+p_n)} \tag{2-7}$$

式中，k 为常数；z_i（$i=0$，1，$\cdots$，m）为传递函数分子多项式 $M(s)=0$ 的根，称为零点；$p_i(i=0$，1，$\cdots$，$n)$ 为传递函数分母多项式 $N(s)=0$ 的根，称为极点；其中分母多项式 $N(s)=0$ 是系统的特征方程，其根称为特征方程的根，它决定了系统动态过程的性质。

传递函数不仅可以表征系统的动态性能，而且可以用来研究系统的结构或参数变化对系统性能的影响，从而使系统的分析和设计工作大为简化。经典控制理论中广泛应用的频率分析法就是以传递函数为基础建立起来的，因此传递函数也是最常用的数学模型。

3. 传递函数的性质

（1）传递函数只适用于线性定常系统。

（2）传递函数只反映系统在零状态下的动态特性，它与微分方程存在一一对应的关系。对于一个输出量与输入量都已确定的系统，其微分方程是唯一的，因而其传递函数也唯一。

（3）传递函数取决于系统或元器件本身的结构和参数，与输入信号的具体形式和大小无关。它代表了系统的固有特性。

（4）传递函数表示系统特定的输出量与输入量之间的关系，即对同一个系统若选择不同的输出端信号，去求取对同一输入信号之间的传递函数，则它们的计算结果是不同的。而对于不同的物理模型，无论其是电气系统还是机械系统，只要它们的动态特性相同，则可以有完全相同的传递函数，这是在实验室做模拟实验或仿真实验的理论基础。

（5）传递函数是复变量 s 的有理真分式函数，它的分母多项式 s 的最高阶次 n 总是大于或等于分子多项式阶次 m，即 $n \geqslant m$，这是由于系统总是含有惯性元器件以及受到系统能源的限制。

（6）如果系统的传递函数未知，可以给系统加上已知的输入，研究其输出，从而得出传递函数，一旦建立传递函数，就可以给出该系统动态特性的完整描述，与其他物理描述不同。

【例 2-3】 求图 2-2 所示 RLC 无源网络的传递函数。

解：RLC 无源网络的微分方程为：

$$LC\frac{\mathrm{d}^2u_o(t)}{\mathrm{d}t^2} + RC\frac{\mathrm{d}u_o(t)}{\mathrm{d}t} + u_o(t) = u_i(t)$$

对上式进行拉普拉斯变换可得：

$$LCs^2U_o(s) + RCsU_o(s) + U_o(s) = U_i(s)$$

传递函数为：

$$G(s) = \frac{U_o(s)}{U_i(s)} = \frac{1}{LCs^2 + RCs + 1} \tag{2-8}$$

思考

有没有更简便的方法来建立系统的传递函数呢？

读一读

拉普拉斯变换的应用

利用拉普拉斯变换可以将微分方程变化成代数形式的传递函数，如例 2-3 所示。在交流电路中有电阻、电容和电感 3 大元器件，表 2-2 给出了如电路符号图所示的电流方向和零初始条件，利用拉普拉斯变换可以得到类似于电阻元器件欧姆定律的阻抗欧姆定理。利用阻抗欧姆定理也可快速求得系统的传递函数。

表 2-2 阻抗欧姆定理

元器件名称	电路符号	电压电流的约束关系	阻抗欧姆定理
电阻		$u = iR$	$U(s) = RI(s)$
电容		$i = C\frac{\mathrm{d}u}{\mathrm{d}t}$	$U(s) = \frac{1}{Cs}I(s)$
电感		$u = L\frac{\mathrm{d}i}{\mathrm{d}t}$	$U(s) = LsI(s)$

【例 2-4】 利用阻抗欧姆定理，建立例 2-3 所示电路的数学模型。

解：利用阻抗欧姆定理，由基尔霍夫定律可得：

$$U_i(s) = RI(s) + LsI(s) + \frac{1}{Cs}I(s)$$

$$U_o(s) = \frac{1}{Cs}I(s)$$

$$G(s) = \frac{U_C(s)}{U(s)} = \frac{\frac{1}{Cs}I(s)}{RI(s) + LsI(s) + \frac{1}{Cs}I(s)} = \frac{1}{LCs^2 + RCs + 1} \tag{2-9}$$

比较式（2-8）和式（2-9），从中可以看出，用建立微分方程然后对其进行拉氏变换所得的 *RLC* 传递函数和用阻抗欧姆定理建立的传递函数是完全一样的，且用阻抗欧姆定理建立的传递函数的方法更为直接和方便，但该方法只适用于电路系统，对机械等其他系统则只能先建立微分方程然后再求取传递函数。

2.2.4　系统典型环节的传递函数

控制系统一般来说都是由一些元器件按一定形式组合而成的。这些元器件的组成可以是各种不同的物质运动形式，如电、机械、气动等。但若它们的动态特性相同，就可以用同一个数学模型描述。通常将具有某种确定信息传递关系的元器件、元器件组或元器件的一部分称为环节，而经常遇到的环节就称为典型环节。任何一个自动控制系统都是由一些典型的环节组合而成的。为建立控制系统的数学模型，必须首先了解这些典型环节的数学模型及其特性。

1. 比例环节

如果输出量与输入量之间成比例，这样的环节称为比例环节。其微分方程为：

$$c(t) = Kr(t) \tag{2-10}$$

式中　*K*——比例系数。

对式（2-10）拉氏变换可得其传递函数为：

$$G(s) = \frac{C(s)}{R(s)} = K$$

其功能框图如图 2-4（a）所示。

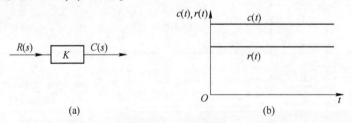

图 2-4　比例环节

(a) 功能框图；(b) 阶跃响应

比例环节的单位阶跃响应如图 2-4（b）所示。可以看出比例环节的输出能不失真、无时间延迟、成比例复现输入信号的变化。比例环节是自动控制系统中遇到最多的一种，例如电位器、弹簧、电子放大器、杠杆机构等。

2. 积分环节

积分环节的输出量与输入量的积分成正比。其微分方程为：

$$c(t) = \frac{1}{T}\int r(t)\,\mathrm{d}t \tag{2-11}$$

由积分定理可得其传递函数为：

$$G(s) = \frac{1}{Ts}$$

其功能框图如图 2-5（a）所示。

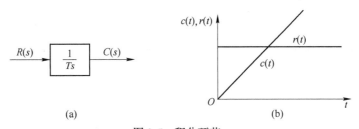

(a)   (b)

图 2-5 积分环节

（a）功能框图；（b）阶跃响应

阶跃响应曲线如图 2-5（b）所示，由图中可看出，积分环节的输出量随着时间的增长而不断增加，增长的斜率为 $1/T$。

积分环节是自动控制系统中遇到的常见环节之一，它的特点是其输出量为输入量对时间的积累。当输入量突然消失时，输出量维持不变，因而具有记忆功能。因此，凡是输出量对输入量有储存和累积特点的系统一般都含有积分环节。例如水池的水位与水流量，机械运动中的转速与转矩，速度与加速度，理想电容元器件的电压与电流以及控制系统中的积分调节器等。

3. 惯性环节

惯性环节一般由一个独立的储能元器件（如电容、电感等）和一个耗能元器件（如电阻、弹簧等）组成，其特点是对突变的输入其输出不能立即复现，输出无振荡，因而也称为一阶非周期环节。其微分方程为：

$$T \frac{\mathrm{d}c(t)}{\mathrm{d}t} + c(t) = r(t) \tag{2-12}$$

式中 T——惯性时间常数，且 T 越大，系统的惯性越大。

由微分定理可得其传递函数为

$$G(s) = \frac{1}{Ts + 1}$$

其功能框图如图 2-6（a）所示。

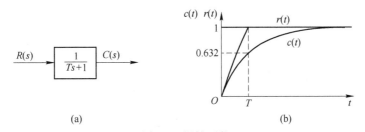

(a)   (b)

图 2-6 惯性环节

（a）功能框图；（b）阶跃响应

惯性环节也是控制系统的重要环节之一，其阶跃响应曲线如图 2-6（b）所示。由图可见，当输入量发生突变时，其输出量不能突变，只能按指数规律逐渐变化。例如 RC、RL 充放电电路，弹簧阻尼系统等。因而惯性环节在自动控制系统中相当于一个缓冲环节，能够抑制瞬时突发脉冲信号对系统的冲击，使系统运行更加平稳。

4. 微分环节

微分环节输出与输入的微分成正比，其微分方程为：

$$c(t) = \tau \frac{\mathrm{d}r(t)}{\mathrm{d}t} \tag{2-13}$$

式中 τ——微分时间常数。

其对应传递函数为：

$$G(s) = \tau s$$

其功能框图如图 2-7 （a） 所示。

微分环节的阶跃响应曲线如图 2-7 （b） 所示。其输出与输入的变化速度成正比，故能预示输入信号的变化趋势，可以使控制过程具有预见性，因而常被用来改善系统的动态特性。微分特性的实例有纯微分运算电路、测速发电机的输出电压与输入角位移等。

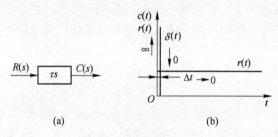

图 2-7 微分环节

（a） 功能框图；（b） 阶跃响应

但在实际的物理系统或元器件中，纯微分环节是难以实现的，一般由有源网络构成，或由无源网络近似实现，且大都与惯性环节并存，其传递函数为：

$$G(s) = \frac{Ts}{1 + Ts}$$

想一想

理想微分环节的输出量与输入量间的关系恰好与积分环节_____，传递函数互为_____。

5. 振荡环节

振荡环节是一个具有两个独立储能元器件的二阶系统，在运动过程中可进行能量交换，从而使环节输出会带有振荡的特性。其微分方程为：

$$T^2 \frac{\mathrm{d}^2 c(t)}{\mathrm{d}t^2} + 2\xi T \frac{\mathrm{d}c(t)}{\mathrm{d}t} + c(t) = r(t) \tag{2-14}$$

式中 T——振荡环节时间常数；

ξ——振荡环节阻尼比。

其对应的传递函数为：

$$G(s) = \frac{1}{T^2s^2 + 2\xi Ts + 1}$$

其功能框图如图 2-8 所示。

振荡环节也是控制系统的重要环节之一，其振荡的强度与阻尼系数 ξ 有关，常见的振荡环节有 RLC 串联电路、弹簧-质量-阻尼器机械位移系统，双容水箱控制对象、电动机位置随动系统等。

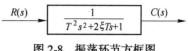

图 2-8 振荡环节方框图

想一想

二阶系统是振荡环节，那具有振荡的环节一定是二阶系统吗？

6. 延迟环节

延迟环节又称纯滞后环节，其输出量与输入量变化形式相同，但要延迟一段时间输出。其微分方程为：

$$c(t) = r(t - \tau) \tag{2-15}$$

式中　τ——延迟时间。

根据拉氏变换的延迟定理，可得延迟环节的传递函数为：

$$G(s) = e^{-\tau s}$$

其功能框图如图 2-9（a）所示，阶跃响应曲线如图 2-9（b）所示。

延迟是实际工程中经常会遇到的现象，尤其是在一些液压、气动或机械传动系统中，都存在时间滞后情况，如传送带系统就包含有延迟环节，而大多数过程控制系统中都具有难以避免的滞后现象，如物料压力或热量在管道中的传播时间、液压油从液压泵到阀控油缸间管道中的传输时间等都可视为延迟时间，其数学模型中都包含有延迟环节。

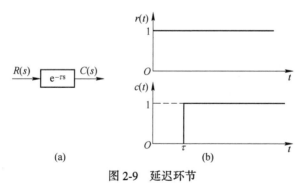

图 2-9 延迟环节
（a）功能框图；（b）阶跃响应

应该注意的是，环节是根据运动微分方程划分的，一个环节不一定代表一个元器件，或许几个元器件之间运动特性才组成一个环节。另外，同一个元器件在不同系统中可以起到不同环节的作用。

读一读

利用 MATLAB 建立传递函数模型及其响应的分析

1. 建立连续系统的传递函数模型

在 MATLAB 软件中对不同形式的传递函数要用不同的函数命令来建立。

（1）分子分母多项式模型。

设连续系统的传递函数为：

$$G(s) = \frac{num(s)}{den(s)} = \frac{b_0 s^m + b_1 s^{m-1} + \cdots + b_{m-1} s + b_m}{a_0 s^n + a_1 s^{n-1} + \cdots + a_{n-1} s + a_n} \qquad (n \geqslant m)$$

将系统分子、分母多项式的系数按降幂方式以向量形式输入给两个向量 num 与 den，就可以轻易将传递函数模型输入到 MATLAB 环境中。命令格式为：

num = [b0, b1, …, bm] 为传递函数分子系数向量；

den = [a0, a1, …, an] 为传递函数分母系数向量；

在 MATLAB 工具箱中，建立控制系统传递函数模型（对象）的函数为 tf（ ），其命令调用格式为：

$$sys = tf(num, den)$$

即返回的变量 sys 为连续系统的传递函数模型。

【例 2-5】设系统传递函数为：

$$G(s) = \frac{s+3}{2s^2 + s + 3}$$

在 MATLAB 中输入命令：

\>> num = [1, 3]; den = [2, 1, 3];

\>> G = tf(num, den)

执行后在命令窗口下可得传递函数：

$$\frac{s+3}{2s\hat{\ }2+s+3}$$

注意：语句输入时开环系统分子、分母的系数一定按降幂排列，无常数项时用 "0" 表示。

（2）零极点增益模型。

设连续系统的零极点增益模型传递函数为：

$$G(s) = k \frac{(s - z_1)(s - z_2) \cdots (s - z_m)}{(s - p_1)(s - p_2) \cdots (s - p_n)}$$

则在 MATLAB 中，可直接用向量 z，p，k 构成的矢量组 $[z, p, k]$ 表示系统，即：

$z = [z_0, z_1, …, z_m]$ 为系统的零点向量；

$p = [p_0, p_1, …, p_n]$ 为系统的极点向量；

$k = [k]$ 为系统增益。

在 MATLAB 中，用函数 zpk（ ）来建立控制系统的零极点增益模型，调用格式为：

$$sys = zpk(z, p, k)$$

返回的变量 sys 为连续系统的零极点增益模型。

【例 2-6】设系统的传递函数表达式为：

$$G(s) = \frac{10(s+1)(s+2)}{s(s+3)(s+4)}$$

在 MATLAB 中输入命令：

`>> A = zpk([-1, -2], [0, -3, -4], 10)`

执行后则会出现对应的传递函数。

注意：

(1) 若系统没有零点和极点，则用空矩阵 [ ] 来代替；

(2) 语句中各括号不要输错，若有误则显示为大红色字体。

另外，利用其他函数如 conv( ) 函数，它一般用来计算多项式乘积，也可以用来建立系统的传递函数。

如在 MATLAB 中输入命令：

`>> num1 = [conv(conv([1, 1], [1, 2]), 10)]`

`>> den1 = [conv(conv([1, 0], [1, 3]), [1, 4])]`

`>> A = tf(num1, den1)`

运行后也可建立例 2-6 中的传递函数，只是将该传递函数改成了分子分母多项式的形式。

(3) 控制系统模型间的相互转换。

将多项式模型转换成零极点模型可用函数 tf2zp( ) 或 zpk( )，其调用格式为：

$$[z, p, k] = tf2zp(num, den) \quad \text{或} \quad b = zpk()$$

将零极点模型转换成多项式模型可用函数 zp2tf( ) 或 tf( )，其调用格式为：

$$[num, den] = zp2tf(z, p, k) \quad \text{或} \quad a = tf()$$

【例 2-7】 设系统传递函数为：

$$G(s) = \frac{3s^2 + s + 10}{s^3 + 2s^2 + 9}$$

求其等效的零极点模型。

在 MATLAB 中输入命令：

`>> num = [3, 1, 10]; den = [1, 2, 0, 9];`

`>> a = tf(num, den)`

`>> b = zpk(a)`

执行后在命令窗口下可得传递函数：

```
3(s^2+0.3333s+3.333)
---------------------
 (s+3)(s^2-s+3)
```

若想获得系统的零点、极点及放大倍数参数则只需输入命令：

`>> [z, p, k] = tf2zp(num, den)`

执行之后显示如下结果：

$$z = -0.1667 + 1.8181i$$
$$-0.1667 - 1.8181i$$
$$p = -3.0000$$
$$0.5000 + 1.6583$$

$$0.5000 - 1.6583i$$
$$k = 3$$

从上面结果可以看出，系统的零点、极点各有一对共轭复数，而在系统的零极点模型中，若出现复数值，则在显示时以二阶形式来表示相应的共轭复数对。

做一做

填写命令语句，在 MATLAB 软件中建立以下各系统的传递函数模型，并上机验证。

(1) $G(s) = \dfrac{8 + s}{9 + 1.5s + 0.25s^2 + 5s^3}$

\>>

(2) $G(s) = \dfrac{10(s + 2)(s + 3)}{(s + 9)(s + 10)(s + 12)^2}$

\>>

2. 控制系统动态响应的分析

对单输入单输出系统，对各种不同输入信号的响应命令有：

step(sys) 为绘制系统 sys 的阶跃响应曲线。

[y, t] = step(sys) 不绘制阶跃响应曲线，返回阶跃响应的数值 y、时间 t。

impulse(sys) 为绘制系统 sys 的脉冲响应曲线。

lsim(sys) 为绘制系统 sys 的斜坡响应曲线。

【例 2-8】 已知二阶系统的传递函数为：

$$G(s) = \frac{10}{s^2 + 2s + 10}$$

试绘制其阶跃响应曲线（$t = 0 \sim 10$）。

在 MATLAB 中输入命令：

\>> num = [10]; den = [1, 2, 10]; G = tf(num, den)

\>> step(G, 10)

执行后则会出现图 2-10 所示的二阶系统的阶跃响应曲线。

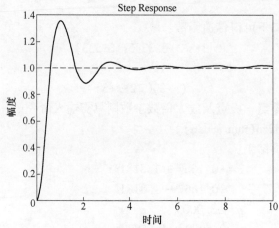

图 2-10　二阶系统的阶跃响应曲线

做一做

典型环节阶跃响应特性的测量与分析

在 MATLAB 软件中用语句分别输入表 2-3 中所示各典型环节的传递函数，仿真各环节的阶跃响应曲线，并从仿真结果中分析各环节的特性，同时将结果记入表 2-3 中。

表 2-3　典型环节的阶跃响应

典型环节名称	典型环节的传递函数	典型环节的阶跃响应	典型环节特性
比例环节	$G(s) = \dfrac{C(s)}{R(s)} = K \quad (K = 10)$		
积分环节	$G(s) = \dfrac{C(s)}{R(s)} = \dfrac{1}{Ts} \quad (K = 10)$		
惯性环节	$G(s) = \dfrac{C(s)}{R(s)} = \dfrac{1}{Ts + 1} \quad (K = 10)$		
实际微分环节	$G(s) = \dfrac{\tau s}{1 + Ts} \quad (\tau = 5, \ T = 10)$		
振荡环节	$G(s) = \dfrac{1}{T^2 s^2 + 2\xi Ts + 1} \quad (T = 2, \ \xi = 0.1)$		

2.2.5　动态结构图的等效变换与简化

1. 动态结构图的组成要素

动态结构图是一种建立在传递函数图形化的表示方式上，用传递函数的图形化方法表示系统各组成部分之间信号传递关系的一种数学模型。它可以清晰且严谨地表达系统内部各单元在系统中所处的地位和作用，以及各单元之间的相互联系。可以帮助人们更加直观地理解系统所表达的物理意义。

动态结构图是由许多对信号进行单向运算的方框和一些信号流向线组成，它包括信号线、引出点、比较点、方框四种基本单元。

信号线是带有箭头的直线，箭头表示信号的流向，在直线旁标记信号的时间函数或频域函数，如图 2-11（a）所示。在系统的前向通路中，信号线遵循从左往右的基本流向，在反馈通道中，信号线遵循从右往左，即在系统内信号流向是单方向的，不可逆的。

引出点（或测量点）表示信号引出或测量的位置，从同一位置引出的信号在大小和性质方面完全相同，如图 2-11（b）所示。

比较点（或综合点）表示对两个或两个以上的信号进行代数运算，因此信号输入综合点时要注明其极性。其中"+"号表示相加，"-"号表示相减，且"+"号可省略不写，如图 2-11（c）所示。

方框（或环节）表示对信号进行的数学变换，方框中写入元部件或系统的传递函数，如图 2-11（d）所示。显然，方框的输出变量等于方框的输入变量与传递函数的乘积，即：

$$C(s) = G(s)R(s)$$

因此，方框可视作单向运算的算子。

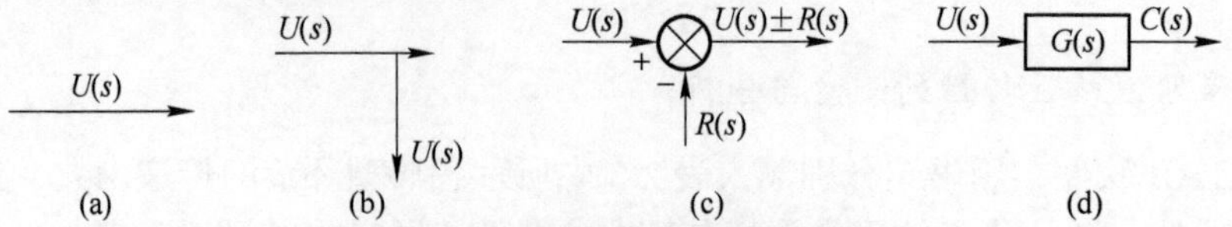

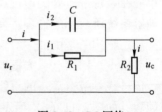

图 2-11　动态结构图的基本单元

控制系统的动态结构图是从系统元部件的数学模型得到的，但结构图中的方框与实际系统的元部件并非是一一对应的。一个实际元部件可以用一个方框或几个方框表示，而一个方框也可以代表几个元部件或是一个子系统，或是一个大的复杂系统。

2. 动态结构图的建立

控制系统的动态结构图是严格按照元部件的微分方程式或方程式组建立的，虽然组成系统的元部件多种多样，但不同结构的元部件可能具有相同形式的传递函数，因此用结构图描述控制系统，就只有为数不多的结构图布局。通过对某一类结构图的研究，便可了解具有同类结构图的各种系统的特性，从而简化了研究工作。建立控制系统结构图的一般步骤如下：

（1）列写控制系统中各元器件的微分方程式或微分方程式组。

（2）对所列写的微分方程式或微分方程式组进行拉普拉斯变换，得到反映输入变量与输出变量之间关系的传递函数，并将传递函数写入方框。

（3）按照系统中各变量的传递顺序，依次将各元器件的传递函数方框用带箭头的线段连接起来，将系统的输入变量置于左端，输出变量置于右端。

应当指出，对于同一个控制系统，由于分析的角度不同，可以画出许多不同的系统结构图。也就是说，系统的结构图不是唯一的。

【例 2-9】 建立图 2-12 所示 RC 网络系统的动态结构图。其中 i、i_1、i_2 为三个中间变量，u_r、u_c 分别为系统的输入输出信号。

解： 根据电路定律，可得到以下方程：

$$U_c(s) = R_2 I(s)$$

$$I_1(s) + I_2(s) = I(s)$$

$$U_r(s) = R_1 I_1(s) + U_c(s)$$

$$\frac{1}{Cs} I_2(s) = R_1 I_1(s)$$

图 2-12　RC 网络

按照上述方程，可以分别绘制相应元器件的结构图，如图 2-13（a）~（d）所示。然后，根据相互关系将这些结构图在相同信号处连接起来，就得到整个系统的动态结构图，如图 2-13（e）所示。

3. 动态结构图的等效变换和化简

为了分析研究系统的性能，要用到系统的相关传递函数。但绘制出的控制系统动态结构图，往往又是比较复杂的。这种情况下就要采用动态结构图等效变换的方法，对原系统

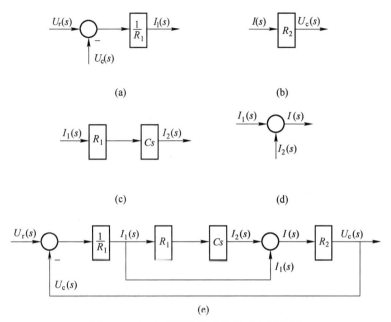

图 2-13 相应元器件及系统的动态结构图

的结构图进行化简,以方便求取所需要的传递函数。对系统结构图进行等效变换时,必须遵循的原则是:对结构图任一部分进行变换时,等效变换前后该部分的输入量、输出量及相互之间的数学关系保持不变。

尽管动态结构图的连接错综复杂,但结构图之间的基本连接方式只有串联、并联和反馈连接三种。

(1)串联连接。

传递函数分别为 $G_1(s)$ 和 $G_2(s)$ 的两个环节,若 $G_1(s)$ 的输出量作为 $G_2(s)$ 的输入量,则 $G_1(s)$ 与 $G_2(s)$ 称为串联连接,如图 2-14(a)所示。

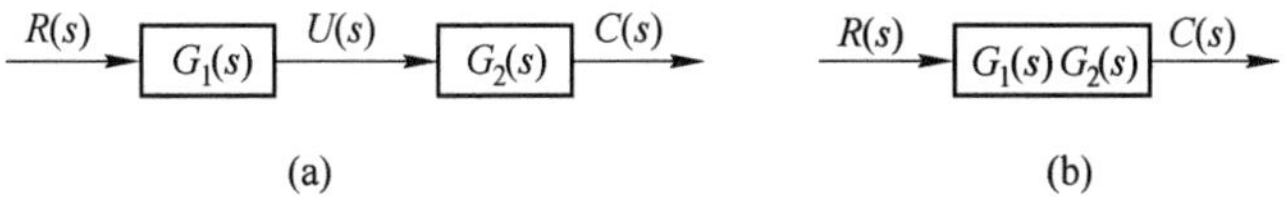

$$R(s) \rightarrow \boxed{G_1(s)} \xrightarrow{U(s)} \boxed{G_2(s)} \xrightarrow{C(s)} \qquad R(s) \rightarrow \boxed{G_1(s)\,G_2(s)} \xrightarrow{C(s)}$$
$$\text{(a)} \qquad\qquad\qquad\qquad \text{(b)}$$

图 2-14 串联连接及简化

从图中各环节输入、输出之间的关系可得:

$$U(s) = G_1(s)R(s)$$
$$C(s) = G_2(s)U(s)$$
$$C(s) = G_1(s)G_2(s)R(s)$$

消去中间变量 $U(s)$,可得两个环节串联的等效传递函数为:

$$G(s) = \frac{C(s)}{R(s)} G_1(s)G_2(s) \tag{2-16}$$

根据式(2-16)可画出串联环节简化后的框图如图 2-14(b)所示,原来的两个环节简化成了一个环节。这个结论也可推广到 n 个环节串联情况。由此可知,当系统中传递函数有两个或两个以上的环节串联时,其等效传递函数为各环节传递函数之乘积。

（2）并联连接。

传递函数分别为 $G_1(s)$ 和 $G_2(s)$ 的两个环节，如果它们有相同的输入量，而输出量等于两个环节输出量的代数和，则 $G_1(s)$ 与 $G_2(s)$ 称为并联连接，如图 2-15（a）所示。

由图中各环节输入、输出量之间的关系可得：

$$C_1(s) = G_1(s)R(s)$$
$$C_2(s) = G_2(s)R(s)$$
$$C(s) = C_1(s) \pm C_2(s) = G_1(s)R(s) \pm G_2(s)R(s)$$

因而可得两个环节并联的等效传递函数为：

$$G(s) = \frac{C(s)}{R(s)} = G_1(s) \pm G_2(s) \tag{2-17}$$

根据式（2-17）可画出并联环节简化后的框图如图 2-15（b）所示，由原来的两条通路变成了一条通路，这个结论也可推广到 n 个环节并联连接的情况。

由此可得，两个或两个以上环节并联连接的等效传递函数，等于各个环节传递函数的代数和。

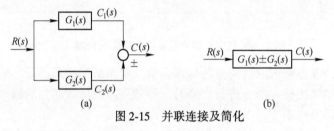

图 2-15　并联连接及简化

想一想

控制系统的并联连接是指＿＿＿＿＿＿＿＿＿＿＿＿＿＿＿＿＿＿＿＿＿；
而电工电路的并联连接是指＿＿＿＿＿＿＿＿＿＿＿＿＿＿＿＿＿＿＿。

（3）反馈连接。

若传递函数分别为 $G(s)$ 和 $H(s)$ 的两个环节，如图 2-16（a）形式连接，则构成一个闭环系统。图中，$R(s)$ 和 $C(s)$ 分别为闭环系统的输入与输出信号，$E(s)$ 为偏差信号。其中 $G(s)$ 是从偏差信号 $E(s)$ 到输出 $C(s)$ 的前向通道传递函数，$H(s)$ 为从输出信号 $C(s)$ 至反馈信号 $B(s)$ 的反馈通道传递函数，"＋"号为正反馈，表示输入信号 $R(s)$ 与反馈信号 $B(s)$ 相加；"－"号则表示相减，是负反馈，表示输入信号 $R(s)$ 与反馈信号 $B(s)$ 相减。

由图 2-16（a）可得：

$$C(s) = G(s)E(s)$$
$$B(s) = H(s)C(s)$$
$$E(s) = R(s) \pm B(s)$$

消去中间变量 $E(s)$ 和 $B(s)$，可得：

$$\phi(s) = \frac{C(s)}{R(s)} = \frac{G(s)}{1 \pm G(s)H(s)} \tag{2-18}$$

式中，$\phi(s)$ 称为系统的闭环传递函数，也称为闭环系统的等效传递函数，式中负号对应正反馈连接，正号对应负反馈连接，可用图 2-16（b）的方框表示。而前向通道传递函数与反馈通道传递函数的乘积 $G(s)H(s)$ 则为闭环系统的开环传递函数。

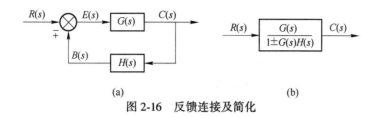

(a)　　　　　　　　　　　　(b)

图 2-16　反馈连接及简化

小结

（1）什么是系统的闭环传递函数？什么是闭环系统的开环传递函数？

（2）什么是系统前向通道传递函数？什么是系统反馈通道传递函数？

（4）比较点和引出点的移动。

在系统结构图简化过程中，有时为了便于进行方框的串联、并联或反馈连接的运算，需要移动比较点或引出点的位置。这时应注意遵循移动前后输入量与输出量保持不变的原则，即前向通道中传递函数的乘积必须保持不变，回路中传递函数的乘积必须保持不变。而且比较点和引出点之间一般不宜交换其位置。表 2-4 汇集了结构图简化（等效变换）的基本规则，可供查用。

表 2-4　结构图简化（等效变换）的基本规则

移动的项目	原框图	等效框图
引出点前移	$X_1(s)$ → $G(s)$ → $Y(s)$；$Y(s)$	$X_1(s)$ → $G(s)$ → $Y(s)$；$G(s)$ → $Y(s)$
引出点后移	$X_1(s)$ → $G(s)$ → $Y(s)$；$X_1(s)$	$X_1(s)$ → $G(s)$ → $Y(s)$；$1/G(s)$ → $X_1(s)$
比较点前移	$X_1(s)$ → $G(s)$ → ⊗$\pm$ → $Y(s)$；$X_2(s)$	$X_1(s)$ → ⊗$\pm$ → $G(s)$ → $Y(s)$；$X_2(s)$ → $1/G(s)$
比较点后移	$X_1(s)$ → ⊗$\pm$ → $G(s)$ → $Y(s)$；$X_2(s)$	$X_1(s)$ → $G(s)$ → ⊗$\pm$ → $Y(s)$；$X_2(s)$ → $G(s)$

【例 2-10】化简图 2-17 所示复杂多回环系统的动态结构图。

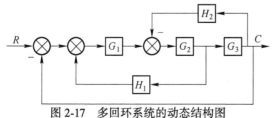

图 2-17　多回环系统的动态结构图

　　解: 由于这个系统动态结构图有相互交叉的回环,所以必须经过比较点或引出点的移动来消除。若将汇合点前移,可得图 2-18(a),将最里层的正反馈回路化简可得图 2-18(b),进一步经过化简可得图 2-18(c),为一单位负反馈系统。最后对单位为负反馈系统进一步化简可得系统的闭环传递函数如图 2-18(d) 所示。

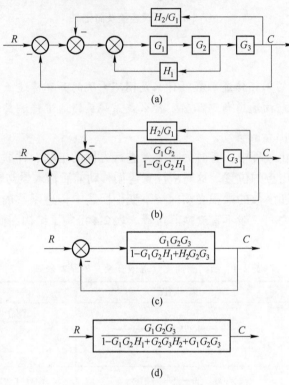

图 2-18　多回路系统的化简

读一读

　　利用 MATLAB 化简控制系统的动态结构图

　　若两个环节的传递函数分别为:

$$sys1 = tf(num1, den1)$$
$$sys2 = tf(num2, den2)$$

则在 MATLAB 中,两个环节串联连接的等效传递函数为:

$$sys = sys1 * sys2　或　sys = series(sys1, sys2)$$

两个环节并联连接的等效传递函数为:

$$sys = sys1 + sys2　或　sys = parallel(sys1, sys2)$$

　　注意: series( ) 或 parallel( ) 函数只能实现两个环节的串并联,若有多个环节则必须多次使用。

　　若 sys1 为正向通道传递函数,sys2 为反馈通道传递函数,则反馈回路连接等效传递函数为:

sys＝feedback（sys1，sys2，sign）

其中 sign 是反馈极性，'＋1'表示正反馈，'－1'为负反馈。注意缺省时默认为负反馈，即 sign＝－1。

【例 2-11】 设一闭环系统的前向和反馈传递函数分别为：

$$G(s) = \frac{2}{3s + 4}, \quad H(s) = \frac{1}{s}$$

求将它们反馈连接后的传递函数。

解：在 MATLAB 命令窗口中输入：

```
>> G1 = tf(2, [3, 4])
>> G2 = tf([1], [1, 0])
>> G = feedback(G1, G2, +1)                    %正反馈连接
>> G = feedback(G1, G2, -1) 或 G = feedback(G1, G2)    %负反馈连接
```

做一做

动态结构图的等效变换

若两个环节的传递函数分别为：

$$(1)\ G_1(s) = \frac{1}{s + 1} \qquad (2)\ G_2(s) = \frac{3}{s + 2}$$

请在 MATLAB 软件中分别仿真 $G_1(s)$、$G_2(s)$ 两个环节串联、并联和负反馈连接的结果，且将结果记录于表 2-5 中，并与理论计算所得相比较。

表 2-5　传递函数串联、并联和负反馈连接的仿真

连接类型	连接框图	仿真语句与仿真结果	理论计算结果
串联			
并联			
负反馈系统1			
负反馈系统2			

2.3 项 目 实 施

"电机转速控制系统数学模型的建立"项目任务单见表2-6。

表 2-6 "电机转速控制系统数学模型的建立"项目任务单

编制部门：_____ 编制人：_____ 编制日期：_____

项目编号	2	项目名称	电机转速控制系统数学模型的建立	完成工时	4
项目所含知识技能	(1) 了解数学模型的基本概念，掌握建立系统微分方程的方法； (2) 理解传递函数的定义和性质，掌握系统传递函数的建立方法； (3) 掌握控制系统各环节的联接方式及等效变换的方法； (4) 了解 MATLAB 仿真软件的基本指令和基本功能，并学会该软件在控制系统仿真过程中的初步使用； (5) 会对电机转速控制系统的数学模型进行分析和化简				
任务要求	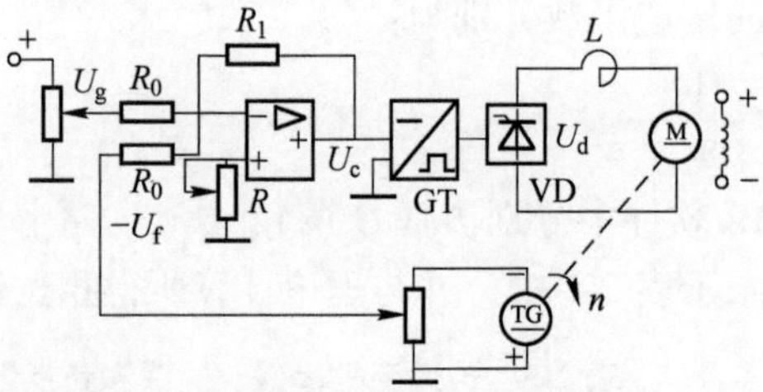 如图为电机转速控制系统的组成结构图， (1) 请分析系统的工作原理，并按功能对系统各环节进行划分； (2) 查阅相关资料，建立电机转速控制系统各环节的传递函数； (3) 绘制电机转速控制系统的动态结构图； (4) 化简系统动态结构图，求电机转速控制系统的闭环传递函数（假设各元器件参数或系数都为1）。 技能训练： 能在 MATLAB 软件中用语句实现电机转速控制系统数学模型的化简				
材料	(1) 教材及相关资料； (2) 项目任务单； (3) 多媒体教学设备； (4) 仿真实验室； (5) 课程相关网站				
提交成果	(1) 电机转速控制系统的工作原理分析； (2) 电机转速控制系统各环节的划分与传递函数的推导过程； (3) 电机转速控制系统的动态结构图； (4) 电机转速控制系统的闭环传递函数； (5) 电机转速控制系统数学模型的化简仿真分析过程				

项目实施内容及实施过程

（1）请阅读相关资料，分析图 2-1 所示电机转速控制系统的工作原理，划分系统各典型环节，推导各环节的传递函数，并将结果填入表 2-7 中。

表 2-7　电机转速控制系统各典型环节的数学模型

典型环节名称	典型环节原理图	各环节传递函数

注意：

（1）晶闸管整流触发装置有死区特性和线性放大特性两部分组成，数学模型建立时为简化只考虑线性部分。

（2）直流电动机数学模型则不考虑负载的影响。

（2）电机转速控制系统方框图的绘制。

若按信号的传递关系将直流电机转速系统各环节的传递函数用图形表示方式连接起

来，构成图 2-19 所示的直流调速系统的系统框图，请在方框图内填入各环节的传递函数。

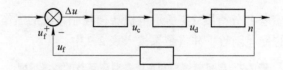

图 2-19　电机转速控制系统方框图

（3）电机转速控制系统传递函数的求取。

根据图 2-19 电机转速控制系统方框图推导控制系统的闭环传递函数（假设各元器件参数或系数都为 1），并写出其推导过程。

（4）请在 MATLAB 软件中编写语句推导电机转速控制系统的闭环传递函数，并与理论推导的结果进行对比。

仿真语句：

_____

_____

_____

_____

仿真结果：

（5）项目实施小结。

2.4　项目评价

根据表 2-8 项目验收单完成对本项目的评价。

表 2-8　"电机转速控制系统数学模型的建立"项目验收单

项目名称：_____　　　　项目成员：_____

姓名			学号		班级	
					专业	

	评分内容	配分	评分标准	得分			失分原因分析
				自评	互评	教师评价	
I 知识理解运用能力	系统工作原理分析	10	系统工作原理分析完善性				
	系统各环节划分	10	各环节划分合理性				
	数学模型建立	25	各环节数学模型分析推导正确性				
	动态结构图绘制	15	绘图正确性及规范性				

评分内容		配分	评分标准	得分			失分原因分析
				自评	互评	教师评价	
Ⅱ 操作技能	仿真过程	15	仿真操作熟练度				
			仿真语句或指令正确性				
	数据记录	5	仿真结果读取或记录的正确性				
Ⅲ 知识总结提炼能力	项目实施小结或体会	10	项目结果分析及总结的正确性、见解度				
Ⅳ 职业精神	课堂表现	5	劳动纪律、工作责任意识等				
	按时完成	5	是否按时完成项目任务				
评分因子				0.2	0.2	0.6	
总得分			评分日期				

2.5 知 识 拓 展

读一读

电机转速控制系统

1. 工作原理分析

电机转速控制系统的电路原理图如图2-20所示。

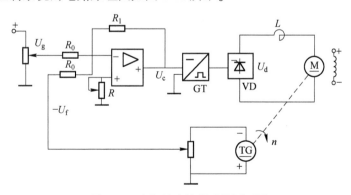

图2-20 电机转速控制系统原理图

从图2-20中可以看出，电机转速控制系统主要由放大器、晶闸管整流触发装置、直流电动机以及测速发电机等几个主要组成部分构成。为了保持直流电动机的转速恒定，利用测速发电机检测直流电动机的转速信号并转换成对应的电压输出，与给定转速对应的电压进行比较，通过改变触发装置的触发电压及晶闸管的导通角，从而改变直流电机的输入电压，进而使直流电机达到工艺要求的转速。该系统的组成框图如图 2-21 所示。

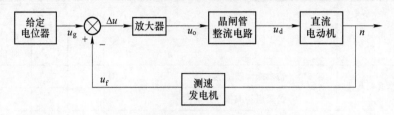

图 2-21　电机转速控制系统组成框图

2. 主要组成部件的微分方程

（1）比较放大电路。

图 2-22 为电机转速控制系统给定量 U_g 与反馈量 U_f 的比较放大电路，U_g 为给定转速对应的电压，U_f 为测速发电机测量出的电机实际转速对应的电压，利用叠加定理可得电路输出电压和输入电压之间的关系为：

$$u_c = -\frac{R_1}{R_0}(u_g - u_f)$$

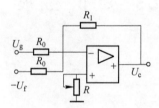

图 2-22　比较放大电路

（2）晶闸管整流触发电路。

晶闸管整流触发电路及其调节特性如图 2-23 所示。

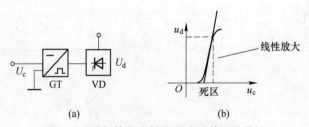

（a）　　　　　　　　（b）

图 2-23　晶闸管整流触发电路及其调节特性

（a）晶闸管整流触发电路；（b）晶闸管整流触发电路的调节特性

晶闸管整流触发电路的调节特性为输出的平均电压 u_d 和控制电压 u_c 之间的函数关系，由图 2-23（b）可以看出，其调节特性既有死区特性部分，又有线性放大特性部分。建立数学模型时为简化，若只考虑其工作在线性放大特性部分，则整流输出电压 u_d 基本上与其触发电路的控制电压 u_c 成正比关系，即：

$$u_d = k_s u_c$$

（3）他励直流电动机。

他励直流电动机的等效电路如图 2-24 所示。

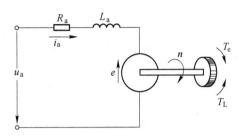

图 2-24　他励直流电动机的等效电路

1）电枢回路的电压方程为：

$$u_a = u_d = i_a R_a + L_a \frac{\mathrm{d}i_a}{\mathrm{d}t} + e \qquad (2\text{-}19)$$

式中　R_a——电枢电阻；

　　　L_a——漏磁电感；

　　　e——电枢的反电动势；

　　　u_d——晶闸管整流输出电压。

2）电磁转矩：

$$T_e = K_T \phi i_a = C_m i_a \qquad (2\text{-}20)$$

式中　T_e——电磁转矩；

　　　i_a——电枢电流；

　　　C_m——额定磁通下的转矩系数。

3）电机运转方程：

$$T_e - T_L = J \frac{\mathrm{d}\omega}{\mathrm{d}t} = \frac{GD^2}{375} \frac{\mathrm{d}n}{\mathrm{d}t} = J_G \frac{\mathrm{d}n}{\mathrm{d}t} \qquad (2\text{-}21)$$

式中　GD^2——折合到电动机轴上的机械负载和电动机电枢的飞轮转矩；

　　　J_G——转速惯量；

　　　T_L——摩擦力和负载阻力矩；

　　　n——转速。

4）反电动势：

$$e = K_e \phi n = C_e n \qquad (2\text{-}22)$$

式中　C_e——额定磁通下的电动势系数。

若不考虑电动机负载转矩的影响，即 $T_L = 0$，将式（2-20）～式（2-22）化简并代入电压方程式（2-19），消去中间变量，并将电压方程式（2-19）整理成标准形式可得：

$$T_m T_a \frac{\mathrm{d}^2 n}{\mathrm{d}t^2} + T_m \frac{\mathrm{d}n}{\mathrm{d}t} + n = \frac{1}{C_e} u_a$$

式中　T_m——电动机机电时间常数，且 $T_m = \dfrac{J_G R_a}{K_e K_T \phi^2}$；

　　T_a——电枢回路的电磁时间常数，且 $T_a = \dfrac{L_a}{R_a}$。

（4）测速发电机及反馈电位器。

　　如图 2-25 所示，测速电动机及其反馈电位器各部分之间的关系如下。

　　测速电动机将他励直流电动机的转速 n 转换为感应电动势 e，其感应电动势 e 与电动机转速 n 成正比，即 $e(t) = K_n n(t)$。

　　反馈电位器是将测速电动机所产生的感应电动势 e 进行分压，转换成可以与给定电压进行比较的反馈电压，由此可得：

$$u_f(t) = \frac{R_2}{R_1 + R_2} e(t) = \frac{R_2}{R_1 + R_2} K_n n(t) = an(t)$$

其中 α 为测速电动机的反馈系数。

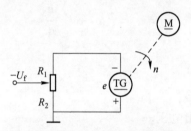

图 2-25　测速发电机及反馈电位器

查一查

　　若考虑晶闸管整流触发电路的死区工作特性，则该环节的特性表达式又是怎样的？

2.6　项　目　小　结

　　对控制系统进行定量分析和设计时，首先要建立系统的数学模型，本项目以电机转速控制系统为工程实例介绍了数学模型的基本概念、作用和建立数学模型的一般方法。

　　微分方程是系统的时域模型，也是最基本的数学模型。对一个实际系统，一般是从输入端开始，了解系统各部件工作原理，根据基本的物理化学定律，列写各元器件或环节的微分方程，然后消去中间变量并将方程整理成标准形式即可得到系统的微分方程。

　　传递函数是系统复数域中的数学模型，也是自动控制系统最常用的数学模型。它是系统（或环节）在初始条件为零时的输出量的拉氏变换式和输入量的拉氏变换式之比。传递函数只与系统本身内部的结构、参数有关，而与给定量、扰动量等外部因素无关，代表了系统（或环节）的固有特性。

　　控制系统还可以用动态结构图来表示，它是传递函数的一种图形化的描述方式，是一种图形化的数学模型。它由一些典型环节组合而成，能直观地显示出系统的结构特点、各参变量和作用量在系统中的地位，清楚地表明了各环节间的相互联系。利用等效变换可方便地化简并求取系统的闭环传递函数。

　　在 MATLAB 软件中调用 tf( )、zpk( ) 等函数可以对传递函数进行建立、变换等相关操作，分析系统方便易行。

2.7 习 题

1. 选择题

(1) 系统的数学模型是指（　　）的数学表达式。

    A. 输入信号   B. 输出信号

    C. 系统的动态特性   D. 系统的特征方程

(2) 系统的传递函数表示系统的固有特性，与下列（　　）有关。

    A. 输入信号   B. 系统本身的结构和参数

    C. 输出信号   D. 外界扰动

(3) 已知系统的微分方程为 $6\dot{x}_0(t) + 2x_0(t) = 2x_i(t)$ ，则系统的传递函数是（　　）。

    A. $\dfrac{1}{3s+1}$ B. $\dfrac{2}{3s+1}$ C. $\dfrac{1}{6s+2}$ D. $\dfrac{2}{3s+2}$

(4) 已知 $F(s) = \dfrac{s^2+2s+3}{s(s^2+5s+4)}$ ，其原函数的终值 $f(t)\underset{t\to\infty}{=}$（　　）。

    A. 0   B. ∞   C. 0.75   D. 3

(5) 某典型环节的传递函数是 $G(s) = \dfrac{1}{5s+1}$ ，则该环节是（　　）。

    A. 比例环节   B. 积分环节   C. 惯性环节   D. 微分环节

(6) 某系统的传递函数是 $G(s) = \dfrac{1}{s(s+1)}$ ，则该可看成由（　　）环节串联而成。

    A. 比例、延时   B. 惯性、积分   C. 惯性、延时   D. 惯性、比例

(7) 在系统结构图简化过程中，移动比较点或引出点的位置时应遵循移动前后（　　）保持不变的原则。

    A. 输入量与输出量   B. 中间变量   C. 扰动量   D. 给定量

(8) 引出点前移越过一个方块图单元时，应在引出线支路上（　　）。

    A. 并联越过的方块图单元   B. 并联越过的方块图单元的倒数

    C. 串联越过的方块图单元   D. 串联越过的方块图单元的倒数

2. 计算题

(1) 机械转动系统如图 2-26 所示，系统的转动惯量为 J，黏性阻尼系数为 f，输出量为惯性负载的角速度 ω，输入 $T(t)$ 为作用到系统上的转矩。试列写该系统的动态方程。

(2) 列写图 2-27 所示无源网络电路的动态方程。

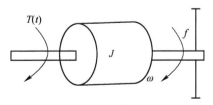

图 2-26　机械转动系统

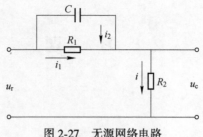

图 2-27　无源网络电路

（3）建立图 2-28 所示各系统的传递函数。

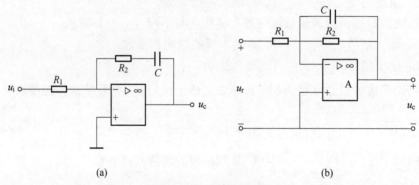

(a)　　　　　　　　　　　　　　　　　(b)

图 2-28　系统原理图

（4）调速控制系统如图 2-29 所示，试分别求取转速对给定量的闭环传递函数 $N(s)/U_i(s)$ 和转速对扰动量的闭环传递函数 $N(s)/\Delta U(s)$。

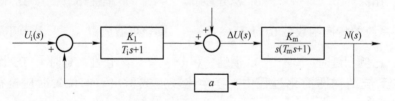

图 2-29　调速控制系统框图

（5）化简图 2-30 所示各系统的动态结构图。

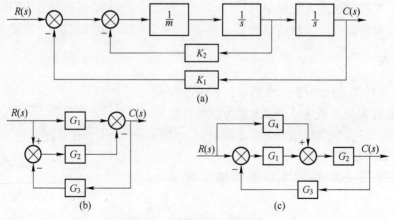

图 2-30　系统的动态结构图

（6）已知系统的结构图如图 2-31 所示。

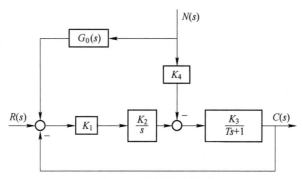

图 2-31　系统的结构图

1）求传递函数 $C(s)/R(s)$ 和 $C(s)/N(s)$；

2）若消除干扰 $N(s)$ 对系统的影响，则 $G_0(s)$ 为多少？

（7）由运算放大器组成控制系统模拟电路如图 2-32 所示，试求闭环系统的传递函数。

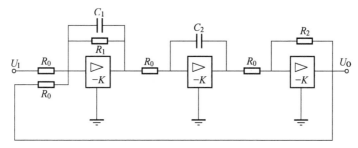

图 2-32　控制系统模拟电路图

项目 3　黑匣子特性的分析方法

知识目标

> 了解系统时域分析的方法及典型的输入信号；
> 掌握一阶、二阶系统的时域响应特点，并能计算其动态性能指标和结构参数；
> 理解频率特性的基本概念及其表达方式；
> 了解各典型环节的频率特性，并能熟练绘制其对数频率特性曲线；
> 掌握系统开环对数频率特性的绘制方法；
> 掌握根据开环对数频率特性反求系统传递函数的方法；
> 能文明、安全操作、遵守实验实训室管理规定；
> 能与其他学生团结协作完成技术文档并进行项目汇报。

技能目标

> 会用时域分析法分析黑匣子系统的性能；
> 会用频域分析法分析黑匣子系统的性能；
> 会用 MATLAB 软件对系统性能进行仿真分析。

3.1　项目引入

3.1.1　项目描述

图 3-1 所示为一密闭黑匣子，黑匣子内部有特性未知的电路系统，黑匣子外部只留有电路系统的输入、输出接口，请设计不同的方法对黑匣子内部电路的特性进行分析，建立内部电路的数学模型，并判别该电路系统的类型。

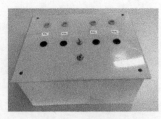

图 3-1　黑匣子外形

3.1.2　项目任务分析

分析一个自动控制系统的性能，常用的工程方法有时域分析法和频域分析法，尤其对一些机理复杂、难以用解析法求出系统数学模型的系统，可以用实验的方法测定，具有很大的工程实用意义。

本项目以黑匣子为载体，通过设计不同的方法对其内部电路特性进行测量与分析，识别内部电路类型，并建立其数学模型，从而掌握分析控制系统的常用方法。

3.2 信 息 收 集

3.2.1 系统的时域分析法

控制系统的时域分析法是一种直接在时间域中对系统进行分析的方法，它通过向系统输入典型的输入信号，获得系统输出响应曲线来评价系统的性能。与其他分析法相比较，时域分析法具有直观、准确等优点。

1. 典型的输入信号

控制系统的时间响应不仅取决于系统本身的结构和参数，还与输入信号的形式有关。一般情况下，作用于控制系统的输入信号多种多样，具有随机性且有的甚至是无法预测与控制。为便于系统的分析和设计，同时为便于对各种系统的性能进行比较，需要选择一些典型实验信号作为系统的输入，利用这些信号的作用，可以测试系统的各项性能指标。

常用的典型输入信号有阶跃信号、斜坡信号、抛物线信号、脉冲信号及正弦信号。这些信号都是简单的时间函数，并且易于通过实验产生，便于数学分析和实验研究。

（1）阶跃函数。阶跃函数的定义是：

$$r(t) = \begin{cases} 0 & t < 0 \\ A & t \geqslant 0 \end{cases} \tag{3-1}$$

式中，A 是常数，称为阶跃函数的幅值。若 $A = 1$，称为单位阶跃函数，记作 $1(t)$，如图 3-2 所示，阶跃函数的拉氏变换为：

$$R(s) = L[r(t)] = \frac{A}{s} \tag{3-2}$$

单位阶跃函数的拉氏变换为 $R(s) = 1/s$。

在自动控制系统中，阶跃信号相当于给系统突然加上一个恒定不变的输入信号，可模拟输入量的突然改变，如开关的闭合、电源的接通及工作状态的改变或突变等。在时域分析中，阶跃信号是实际工程中最常见的一种干扰形式，是评价系统动态性能应用最多、最广也是最重要的典型输入信号。

（2）斜坡函数。

斜坡函数也称等速度函数。其定义为：

$$r(t) = \begin{cases} 0 & t < 0 \\ At & t \geqslant 0 \end{cases} \tag{3-3}$$

这种信号相当于对系统输入一个随时间作等速变化的信号，其图形如图 3-3 所示。若 $A = 1$，则称之为单位斜坡函数。单位斜坡函数的拉氏变换为：

$$R(s) = L[r(t)] = \frac{1}{s^2} \tag{3-4}$$

大型船闸的匀速升降、列车的匀速前进、数控机床加工斜面时的进给指令等都可看成斜坡信号。

（3）单位抛物线函数。

抛物线函数也称加速度函数，其定义为：

$$r(t) = \begin{cases} \dfrac{1}{2}At^2 & t \geqslant 0 \\ 0 & t < 0 \end{cases} \tag{3-5}$$

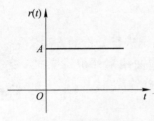

图 3-2　阶跃函数

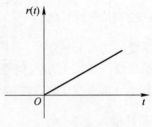

图 3-3　斜坡函数

输入抛物线函数相当于给系统输入一个随时间做等加速变化的信号，其图形如图 3-4 所示。该信号可用来作为宇宙飞船控制系统的典型输入。若 $A = 1$，称之为单位抛物线函数，单位抛物线函数的拉氏变换为：

$$R(s) = \frac{1}{s^3} \tag{3-6}$$

（4）脉冲函数。

脉冲函数的定义为：

$$r(t) = \begin{cases} \dfrac{A}{\varepsilon} & 0 < t < \varepsilon \\ 0 & t < 0 \text{ 或 } t < \varepsilon \end{cases} \tag{3-7}$$

脉冲函数在理论上是一个脉宽无穷小，幅值无穷大的脉冲。在实际中，只要脉冲宽度 ε 极短即可近似认为是脉冲函数，如图 3-5 所示，当 $A = 1$ 时，为单位脉冲函数，记为 $\delta(t)$。单位脉冲函数的拉氏变换为 $R(s) = 1$。

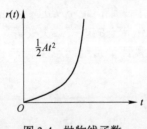

图 3-4　抛物线函数

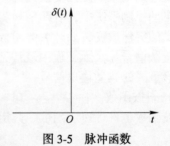

图 3-5　脉冲函数

理想的单位脉冲信号实际上是不存在的，只具有数学意义，但它却是一个重要的数学工具。此外在现实生活中冲击力、脉动电压信号等都可近似为脉冲信号。

以上各函数之间存在的关系为：

$$\delta(t) \underset{\text{求导}}{\overset{\text{积分}}{\rightleftarrows}} 1(t) \underset{\text{求导}}{\overset{\text{积分}}{\rightleftarrows}} t \cdot 1(t) \underset{\text{求导}}{\overset{\text{积分}}{\rightleftarrows}} \frac{1}{2}t^2 \cdot 1(t)$$

（5）正弦函数。

正弦函数也称谐波函数，表达式为：

$$r(t) = \begin{cases} 0 & t < 0 \\ A\sin\omega t & t \geq 0 \end{cases} \tag{3-8}$$

用正弦函数作输入信号，可求得系统对不同频率的正弦输入的稳态响应，是分析系统频率特性的常用信号。其拉氏变换为：

$$R(s) = \frac{\omega}{s^2 + \omega^2} \tag{3-9}$$

在实际控制系统中，当系统的输入作用具有周期性变化时都可近似为正弦函数信号，如机车上设备受到的振动、电源的噪声、海浪对舰船的扰动力等均可近似为正弦信号。

采用时域法分析控制系统性能时，究竟采用哪一种或哪几种信号作为系统的输入信号进行实验，应根据系统的工作情况进行选择。例如，当系统的输入作用具有突变的性质时，可选择阶跃函数作为典型输入信号；当系统的输入作用随时间增长而变化时，可选择斜坡函数作为典型输入信号；当系统输入具有周期性变化时，可选择正弦函数作为典型输入信号。在同一系统中，对应不同的输入，其相应的输出响应也不相同，但对丁线性系统来说，它们所表征系统的性能是一致的。通常，以单位阶跃函数作为典型输入信号，便可在一个统一的基础上对各系统的时域特性进行比较和研究。

2. 时域性能指标

由于阶跃输入的突变对控制系统来说是最严峻的工作状态，因而一般认为，若控制系统在阶跃函数作用下的动态性能满足要求，则在其他形式的函数作用下，控制系统的动态性能也能令人满意。因此常用阶跃函数信号作为输入测定或分析控制系统的时域性能。控制系统的典型单位阶跃响应曲线如图 3-6 所示。

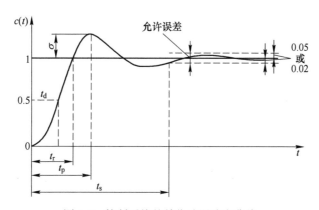

图 3-6　控制系统的单位阶跃响应曲线

从图中可看出，在阶跃输入信号作用下，一个控制系统的时间响应都可看成由动态过程和稳态过程组成。动态过程是指系统从初始状态到调节时间 t_s 的响应过程，稳态过程是指调节时间 t_s 后趋于无穷时的系统输出状态。要描述一个系统的性能，既要看它的动态过程性能，也要看其稳态过程性能，相应的评判指标也分为动态性能指标和稳态性能指标。

动态性能指标是描述稳定的控制系统在单位阶跃函数作用下，动态过程随时间 t 的变化情况的性能指标。其主要有以下几个指标：

（1）延迟时间 t_d：响应曲线第一次达到其稳态值一半所需时间。

（2）上升时间 t_r：响应从稳态值的 10% 上升到稳态值 90% 所需时间；为计算方便，对有振荡的系统也可定义为响应从零第一次上升到稳态值所需时间。上升时间是响应速度的度量，时间越短，系统响应速度越快。

（3）峰值时间 t_p：响应超过其稳态值到达到第一个峰值所需的时间。

（4）调节时间 t_s：响应从零到达并保持在稳态值 ±5% 或 ±2% 误差范围内所需的最小时间，调节时间又称为过渡过程时间。

（5）超调量 $\sigma\%$：在系统响应过程中，输出的最大峰值 $c(t_p)$ 超过稳态值 $c(\infty)$ 的百分比，即：

$$\sigma\% = \frac{c(t_p) - c(\infty)}{c(\infty)} \times 100\% \tag{3-10}$$

超调量又称为最大超调量或百分比超调量。

上述几个动态性能指标中，t_r 和 t_p 反映系统响应的速度，超调量 $\sigma\%$ 反映系统的振荡程度，而 t_s 同时反映响应速度和阻尼程度的综合性指标。应当指出的是，稳定是控制系统能够运行的首要条件，因此只有当控制系统的动态过程收敛时，研究系统的动态性能才有意义。

稳态性能指标表征系统的输出量最终复现输入量的程度，一般用稳态误差 e_{ss} 来描述。若时间趋向无穷时，系统的输出量不等于输入量或输入量的确定函数，则系统存在稳态误差。稳态误差大小反映了系统的控制精度和抗干扰能力，且稳态误差越小，系统的控制精度越高，抗干扰能力越强。

3. 一阶系统的时域分析

在工程上，由于计算高阶系统微分方程解的过程相当复杂，因而高阶系统常常被简化成一、二阶系统来进行分析，因而深入研究一、二阶系统有着广泛的实际意义。

（1）一阶系统的数学模型。

以一阶微分方程描述的系统称为一阶系统。在实际应用中，如 RC 充放电电路、单容水箱、机械转动系统等都属一阶系统。

描述一阶系统动态特性的微分方程的一般标准形式为：

$$T\frac{dc(t)}{dt} + c(t) = r(t)$$

其中，$c(t)$ 为输出量，$r(t)$ 为输入量，T 为系统的时间常数，是表征系统惯性的一个重要参数，所以一阶系统又称为惯性环节。其对应的传递函数为：

$$G(s) = \frac{C(s)}{R(s)} = \frac{1}{Ts + 1}$$

对不同的系统，T 具有不同的物理意义。一阶系统的典型结构图如图 3-7 所示。

（2）一阶系统的单位阶跃响应。

当系统的输入为单位阶跃函数，则系统的

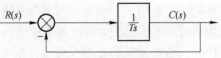

图 3-7　一阶系统的典型结构图

输出为其单位阶跃响应。从系统的阶跃响应曲线反过来可以分析系统的特性。

设系统的输入为单位阶跃函数 $r(t) = 1(t)$，其拉氏变换为 $R(s) = 1/s$，则输出的拉氏

变换为:

$$C(s) = \frac{1}{Ts + 1} \cdot \frac{1}{s} = \frac{1}{s} - \frac{1}{s + \frac{1}{T}}$$

对 $c(s)$ 反拉氏变换可得单位阶跃响应为:

$$c(t) = L^{-1}[c(s)] = 1 - e^{\frac{1}{T}} \quad (t \geqslant 0) \tag{3-11}$$

由式（3-11）可得出表 3-1 中所得的数据。

表 3-1　一阶系统的单位阶跃响应

t	0	T	$2T$	$3T$	$4T$	$5T$	...	∞
$c(t)$	0	0.632	0.865	0.950	0.982	0.993	...	1

因此通过描点法可得一阶系统单位阶跃响应的变化曲线是一条单调上升的指数曲线,如图 3-8 所示。该响应曲线具有非振荡特征,故也称为非周期响应。

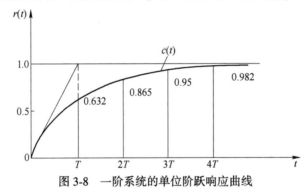

图 3-8　一阶系统的单位阶跃响应曲线

想一想

由于该方法牵涉到拉氏反变化,对应的数学基础要求较高,且数学计算量也较大,那能否更简便的方法绘出系统输出响应曲线呢?

【知识拓展】

利用极值定理也可定性地绘出一阶系统的阶跃响应曲线。

由传递函数可得:

$$C(s) = G(s) \cdot R(s) = \frac{1}{1 + Ts} \cdot R(s)$$

对于单位阶跃输入可得系统输出为:

$$C(s) = \frac{1}{1 + Ts} \cdot R(s) = \frac{1}{1 + Ts} \cdot \frac{1}{s}$$

利用初值定理可得:

$$\lim_{t \to 0} c(t) = \lim_{s \to \infty} s \cdot c(s) = \lim_{s \to \infty} s \cdot \frac{1}{s(Ts + 1)} = 0$$

利用终值定理可得:

$$\lim_{t \to \infty} c(t) = \lim_{s \to 0} s \cdot c(s) = \lim_{s \to 0} s \cdot \frac{1}{s(Ts + 1)} = 1$$

初始斜率为：

$$c(0) = \lim_{t \to \infty} s^2 \cdot c(s) = \lim_{s \to \infty} s^2 \cdot \frac{1}{s(Ts+1)} = \frac{1}{T}$$

由初始值、终值以及斜率这三个数值便可定性绘出一阶系统的阶跃响应趋势图，该方法对数学基础要求低，计算量小，但绘制曲线的精度不够高。

从一阶系统的阶跃响应曲线可以看出，一阶系统存在以下几个特点：

1）一阶系统总是稳定的，无振荡。

2）时间常数 T 是表征系统响应的唯一参数，与系统响应之间具有确定的对应关系。经过 T 时间后，输出量 $c(t)$ 从零上升到稳态值的 63.2%；经过 $3T \sim 4T$ 时，$c(t)$ 将分别达到稳态值的 95%~98%，如图3-8所示。因而利用图中各点数据可以用实验法确定时间常数 T。例如可以测出响应曲线达到输出稳态值的 63.2% 所用的时间即为时间常数 T。

3）系统响应曲线在 $t=0$ 时斜率最大，且初始斜率为 $1/T$。随着时间常数 T 增大，系统响应曲线的斜率不断下降，上升速度越慢。可见时间常数 T 反映了系统的响应速度，T 越小，输出响应上升越快，响应过程的快速性也越好。同时该特点还表明若系统输出一直以初始速度增长，则当 $t=T$ 时，输出达到稳态值。利用这一特点，也可以在实验所得的响应曲线中利用作图方式确定时间常数 T，如图3-8所示。

想一想

日常生活中常见的干扰信号除了阶跃，还有脉冲、斜坡信号等，每种信号引起系统的输出特性都不一样，那它们有何关系呢？是否需要对每种信号都一一进行分析和测试呢？

（3）一阶系统的单位脉冲响应。

设系统的输入为单位脉冲函数 $r(t) = \delta(t)$，其拉氏变换为 $R(s) = 1$，则输出响应的拉氏变换为：

$$c(s) = \frac{1}{Ts+1} = \frac{1/T}{s+1/T}$$

对上式进行反拉氏变换，求得单位脉冲响应为：

$$C(t) = \frac{1}{T} e^{-\frac{1}{T}} \tag{3-12}$$

单位脉冲响应曲线如图3-9所示，为一条单调下降的指数曲线。

（4）一阶系统的单位斜坡响应。

设系统的输入为单位斜坡函数 $r(t) = t$，其拉氏变换为 $R(s) = 1/s^2$，则输出的拉氏变换为：

$$C(s) = \frac{1}{Ts+1} \cdot \frac{1}{s^2} = \frac{1}{s^2} - \frac{T}{s} + \frac{T}{s+1/T}$$

对上式进行反拉氏变换，求得单位斜坡响应为：

$$c(t) = t - T + Te^{\frac{1}{T}} = t - T(1 - e^{\frac{t}{T}})$$
$$= t - T + Te^{-\frac{t}{T}} \tag{3-13}$$

式中，$t-T$ 为稳态分量，$Te^{-\frac{t}{T}}$ 为瞬态分量，当 $t \to \infty$ 时，瞬态分量指数衰减到零。一阶系统的单位斜坡响应曲线如图 3-10 所示，系统的输出与输入信号的斜率相同，但存在一个跟踪位置误差。

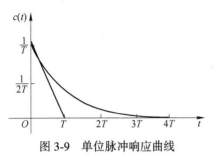

图 3-9 单位脉冲响应曲线

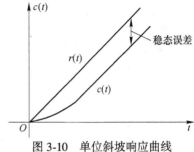

图 3-10 单位斜坡响应曲线

（5）三种响应之间的关系。

按照脉冲函数，阶跃函数、斜坡函数的顺序，前者是后者的导数，而后者是前者的积分。脉冲响应、阶跃响应、斜坡响应之间也存在同样的对应关系，见表 3-2。

表 3-2 一阶系统对典型输入信号的响应

$r(t)$	$c(t)$
$\delta(t)$	$\dfrac{1}{T}e^{-\frac{t}{T}}$
1	$1-e^{-\frac{t}{T}}$
t	$t-T\left(1-e^{-\frac{1}{T}}\right)$

从表中可以看出，系统对某种输入信号导数的响应，等于对该输入信号响应的导数；对某种输入信号积分的响应，等于系统对该输入信号响应的积分，其积分常数由输出响应的初始条件确定。这一个重要特征不仅适用于一阶线性定常系统，也适用于任何阶次的线性定常系统。因此，研究线性定常系统的时间响应，不必对每种输入信号形式进行测定和计算，往往只取其中一种典型输入信号进行研究。

做一做

若一阶系统传递函数为 $G(s)=\dfrac{10}{1+Ts}$，将 T 分别取 5、15、25，仿真各系统的单位阶跃响应曲线，并绘制于表 3-3 中，通过实验结果比较，总结一阶系统的特点。

表 3-3 仿真结果

阶跃响应曲线	特点总结
$c(t)$ O　　　　　　　　　t	

4. 二阶系统的时域分析

由二阶微分方程描述的系统称为二阶系统。在控制工程实践中，二阶系统的应用极为广泛，如 RLC 电路，带有弹簧-阻尼器的机械系统，忽略了电枢电感后的电动机等。除此之外，在分析和设计系统时，许多高阶系统在一定的条件下可以近似为二阶系统来研究，因此，讨论和分析二阶系统的特征具有重要的实际意义。

（1）二阶系统的数学模型。

设二阶系统的结构图如图 3-11 所示。

二阶系统的闭环传递函数为：

$$\Phi(s) = \frac{C(s)}{R(s)} = \frac{\omega_n^2}{s^2 + 2\zeta\omega_n s + \omega_n^2} \quad (3\text{-}14)$$

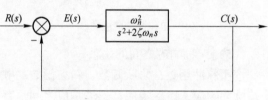

图 3-11　二阶系统的结构图

式中，ω_n 称为无阻尼自然振荡角频率（简称为无阻尼自振频率）；ζ 为阻尼系数（或阻尼比）。

二阶系统的特征方程为：

$$s^2 + 2\zeta\omega_n s + \omega_n^2 = 0 \quad (3\text{-}15)$$

由系统的特征方程可得它的两个根（也称为极点）为：

$$S_{1,2} = -\zeta\omega_n \pm \omega_n\sqrt{\zeta^2 - 1} \quad (3\text{-}16)$$

由式（3-16）可看出，随着阻尼系数 ξ 取值的不同，二阶系统的特征根（即闭环极点）的形式也不同。

二阶系统的传递函数也可写成如下形式：

$$\Phi(s) = \frac{C(s)}{R(s)} = \frac{1}{T^2 s^2 + 2\zeta T_s + 1} \quad (3\text{-}17)$$

其中：

$$T = 1/\omega_n$$

思考

二阶系统的阶跃响应曲线的形状会与一阶系统一样，只有一种形式吗？

（2）二阶系统的单位阶跃响应。

设系统的输入信号为单位阶跃函数，则系统输出响应的拉氏变换表达式为：

$$C(s) = \Phi(s) \cdot R(s) = \frac{\omega_n^2}{s^2 + 2\zeta\omega_n s + \omega_n^2} \cdot \frac{1}{s} \quad (3\text{-}18)$$

对上式取反拉氏变换，可求得二阶系统的单位阶跃响应。

1）无阻尼（$\zeta = 0$）的情况。

系统有一对共轭纯虚根，$s_{1,2} = \pm j\omega_n$，它们在 s 平面虚轴上是一对共轭极点，如图 3-12（d）所示。此时由式（3-18）可得：

$$c(s) = \frac{\omega_n^2}{s^2 + \omega_n^2} \cdot \frac{1}{s} \quad (3\text{-}19)$$

对式（3-19）反拉氏变换可得：

$$c(t) = 1 - \cos\omega_n t \quad (t \geq 0)$$

从上式可看出，无阻尼二阶系统的阶跃响应为等幅振荡曲线，如图 3-13 所示，此时振荡频率为 ω_n，称为自然振荡频率或无阻尼振荡频率。

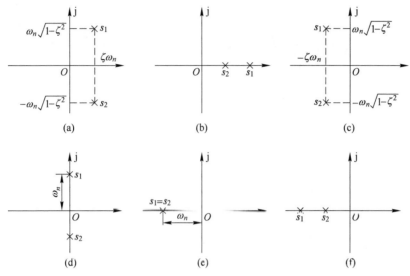

图 3-12 特征根分布图

2）欠阻尼（$0<\zeta<1$）的情况。

其特征方程有一对具有负实部的共轭复根：

$$s_{1,2} = -\zeta\omega_n \pm j\omega_n\sqrt{1-\zeta^2} \tag{3-20}$$

对应于 s 平面左半部的共轭复数极点，如图 3-12（a）所示。其相应的阶跃响应表达式为：

$$c(s) = \frac{\omega_n^2}{s(s + \zeta\omega_n + j\omega_d)(s + \zeta\omega_n - j\omega_d)} \tag{3-21}$$

反拉氏变换可得：

$$c(t) = 1 - \frac{e^{-\zeta\omega_n t}}{\sqrt{1-\zeta^2}}\sin(\omega_d t + \theta) \quad (t \geq 0) \tag{3-22}$$

式中，$\omega_d = \omega_n\sqrt{1-\zeta^2}$，$\theta = \arctan\dfrac{\sqrt{1-\zeta}}{\zeta}$。

可见欠阻尼系统的稳态响应为 1，瞬态分量是一个随时间 t 的增大而衰减的振荡曲线。如图 3-13 所示。欠阻尼系统的振荡角频率为 ω_d，它的大小取决于阻尼比 ζ 和无阻尼振荡频率 ω_n，称为阻尼振荡频率。

由式（3-22）可得，对应不同的阻尼系数 ζ 可画出一簇阻尼振荡曲线，如图 3-13 所示，且 ζ 越小，系统振荡的幅值越大。

3）临界阻尼（$\zeta=1$）的情况。

特征方程具有两个相等的负实根，$s_{1,2} = -\omega_n$，对应于 s 平面负实轴上的两个相等实极点，如图 3-12（e）所示。其相应的阶跃响应为：

$$c(t) = 1 - e^{-\omega_n t}(1 + \omega_n t) \tag{3-23}$$

从式（3-23）可得，临界阻尼二阶系统的阶跃响应为单调上升曲线，呈非周期地趋于稳态输出，如图 3-13 所示。

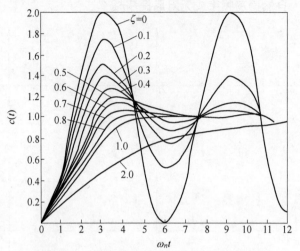

图 3-13　典型二阶系统的单位阶跃响应曲线

4）过阻尼（$\zeta>1$）的情况。

系统具有两个不相等的负实数根：

$$s_{1,2} = -\zeta\omega_n \pm \omega_n\sqrt{\zeta^2-1}$$

对应于 s 平面负实轴上的两个不等实极点，如图 3-12（f）所示。其相应的阶跃响应为：

$$c(t) = 1 + \frac{\omega_n}{2\sqrt{\zeta^2-1}}\left(\frac{e^{s_1 t}}{s_1} - \frac{e^{s_2 t}}{s_2}\right) \tag{3-24}$$

从式（3-24）可得，过阻尼二阶系统的阶跃响应也是非周期地趋于稳态输出，如图 3-13 所示，且无振荡、无超调、无稳态误差，但响应速度比临界阻尼情况缓慢，因此称为过阻尼情况。

图 3-13 为典型二阶系统的单位阶跃响应曲线。以上分析可以看出，典型二阶系统在不同阻尼比的情况下，阶跃响应输出特性相差很大。二阶系统阻尼比越小，则系统的响应速度越快，但系统振荡越加剧，超调量幅值越大，系统也越不稳定。

做一做

设一个二阶系统传递函数表达式为：

$$G(s) = \frac{4}{s^2 + 2\times\zeta\times 2s + 4} = \frac{4}{s^2 + 4\zeta s + 4}$$

请根据表 3-4 所示不同的阻尼比 ξ 的范围，选择合适的数值，代入上式并判断二阶系统特征根的分布情况，仿真并绘制不同阻尼比下二阶系统的阶跃响应曲线，最后从仿真结果分析总结系统稳定性、快速性等动态特性如何变化。

表 3-4　二阶系统不同阻尼系数下的阶跃响应

阻尼比 ζ 范围	特征根在复平面的分布	系统的阶跃响应	动态特性
$\zeta = 0$			

续表 3-4

阻尼比 ζ 范围	特征根在复平面的分布	系统的阶跃响应	动态特性
$0 < \zeta < 1$			
$\zeta = 1$			
$\zeta > 1$			
$\zeta < 0$			

想一想

学习了二阶系统的阶跃响应特点，能否抓住它们的特点反过来快速分析二阶系统的动态特性呢？

【例 3-1】 一个二阶系统的闭环传递函数为：

$$G(s) = \frac{4}{4 + 2s + s^2}$$

试绘出输入信号为单位阶跃信号时该系统的输出响应趋势图，并分析该系统特性。

解： 由传递函数：

$$G(s) = \frac{C(s)}{R(s)} = \frac{4}{4 + 2s + s^2} \tag{3-25}$$

可得系统的特征方程式：

$$s^2 + 2s + 4 = 0$$

而二阶系统特征方程式的一般形式为：

$$s^2 + 2\xi\omega_n s + \omega_n^2 = 0$$

通过对比可得：

$$\begin{cases} \omega_n^2 = 4 \\ 2\zeta\omega_n = 2 \end{cases} \Rightarrow \begin{cases} \omega_n = 2 \\ \zeta = \dfrac{1}{2} \end{cases}$$

由于 $0<\zeta<1$，可初步判断，系统是衰减振荡。

由式（3-25）可得系统的输出信号为：

$$C(s) = \frac{4}{4 + 2s + s^2}R(s) = \frac{4}{(4 + 2s + s^2)s}$$

利用初值定理可得响应初始值为：

$$\lim_{t \to 0}c(t) = \lim_{s \to \infty}s \cdot c(s) = \lim_{s \to \infty}\frac{4}{s^2 + 2s + 4} = 0$$

利用终值定理可得响应稳态值为：

$$\lim_{t \to \infty}c(t) = \lim_{s \to 0}s \cdot c(s) = \lim_{s \to 0}\frac{4}{s^2 + 2s + 4} = 1$$

由以上数值可定性地绘出该二阶系统的单位阶跃响应趋势图，如图 3-14 所示。从图

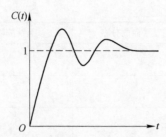

图 3-14　被调量 $c(t)$ 的响应趋势图

中可看出，系统的动态特性曲线呈衰减震荡，因而该系统属稳定系统。

【例 3-2】 一个被调对象的传递函数为：

$$F_s = \frac{4}{s(1+s)}$$

用一个比例调节器（放大器）进行调节，且放大器放大倍数 $K_P = 4$，画出输入信号为单位阶跃信号时被调量 $c(t)$ 响应趋势图，并求稳态的调节误差有多大？

解： 由题意可得系统控制框图如图 3-15 所示。

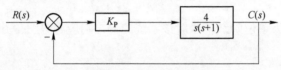

图 3-15　系统控制框图

由此可得闭环系统的传递函数为：

$$G(s) = \frac{C(s)}{R(s)} = \frac{16}{s^2 + s + 16} \tag{3-26}$$

可得系统的特征方程式为：

$$s^2 + s + 16 = 0$$

通过比较可得系统特征参数为：

$$\begin{cases} \omega_n^2 = 16 \\ 2\zeta\omega_n = 1 \end{cases} \Rightarrow \begin{cases} \omega_n = 4 \\ \zeta = \dfrac{1}{8} \end{cases}$$

由式（3-26）可得系统的输出信号为：

$$C(s) = \frac{16}{s^2 + s + 16} R(s) = \frac{16}{(s^2 + s + 16)s}$$

利用初值定理可得响应初始值为：

$$\lim_{t \to 0} c(t) = \lim_{s \to \infty} s \cdot c(s) = \lim_{s \to \infty} \frac{16}{s^2 + s + 16} = 0$$

利用终值定理可得响应稳态值为：

$$\lim_{t \to \infty} c(t) = \lim_{s \to 0} s \cdot c(s) = \lim_{s \to 0} \frac{16}{s^2 + s + 16} = 1$$

系统响应初始斜率为：

$$\lim_{t \to 0} \dot{c}(t) = \lim_{s \to \infty} s^2 \cdot c(s) 16$$

由以上数值可定性地绘出该二阶系统的单位阶跃响应趋势图，如图 3-16 所示。该曲线与例 3-1 的结果相似，只是因阻尼系数 ζ 较小，无阻尼自然振荡频率 ω_n 较大，因而系统的动态特性曲线上升得更快，超调量也更大。

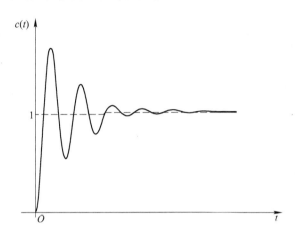

图 3-16　被控量 $c(t)$ 的响应趋势图

系统的稳态误差为：

$$e_{ss} = r(t) - c(\infty) = 1 - 1 = 0$$

（3）二阶系统的动态性能指标。

在实际应用中，控制系统性能的好坏是通过系统的单位阶跃响应的特征量来表示的。为了定量地评价二阶系统的控制质量，必须进一步分析 ζ 和 ω_n 对系统单位阶跃响应的影响，并定义二阶系统单位阶跃响应的一些特征量作为评价系统的性能指标。

由于实际工程中决不允许系统处于无阻尼状态而产生振荡，而过阻尼状态系统的动态响应速度太慢，因此二阶系统正常运行时大都处在欠阻尼状态，下面就只讨论这种状态下的动态性能指标。

借助二阶系统欠阻尼状态下阶跃响应公式（3-22）可以得到动态性能指标的计算公式。

1）上升时间 t_r。

根据定义，当 $t = t_r$ 时，$c(t) = 1$，由式（3-22）可得：

$$c(t) = 1 - \frac{1}{\sqrt{1 - \zeta^2}} e^{-\zeta \omega_n t} \sin(\omega_d t_r + \theta) = 1$$

即：

$$\frac{1}{\sqrt{1 - \zeta^2}} e^{-\zeta \omega_n t} \sin(\omega_d t_r + \theta) = 0$$

因为 $e^{-\zeta \omega_n t}$，所以只能使 $\sin(\omega_d t_r + \theta) = 0$。

所以可进一步推导得到：

$$t_r = \frac{\pi - \theta}{\omega_d} = \frac{\pi - \theta}{\omega_n \sqrt{1 - \zeta^2}} \tag{3-27}$$

由式（3-27）可以看出，当无阻尼振荡频率 ω_n 一定时，阻尼比 ζ 越大，上升时间 t_r 越长，或阻尼比 ζ 一定时，无阻尼振荡频率 ω_n 越小，上升时间 t_r 越长。

2）峰值时间 t_p。

根据定义，对式（3-22）求导并等于零可得峰值时间，即：

$$\frac{\mathrm{d}c(t)}{\mathrm{d}t}\bigg|_{t=t_p} = 0$$

可得：

$$\tan(\omega_d t_p + \theta) = \frac{\sqrt{1 - \zeta^2}}{\zeta}$$

由于：

$$\tan\theta = \frac{\sqrt{1 - \zeta^2}}{\zeta}$$

所以：　　　　　　　　　　$\omega_d t_p = 0, \ \pi, \ 2\pi, \ \cdots$

因为峰值时间是达到第一个峰值所需要的时间，所以：

$$\omega_d t_p = \pi$$

由此可进一步推导出：

$$t_p = \frac{\pi}{\omega_d} = \frac{\pi}{\omega_n \sqrt{1 - \zeta^2}} \tag{3-28}$$

可见与上升时间类似，增大无阻尼振荡频率 ω_n 或减少阻尼比 ζ 都可减少峰值时间，从而加快系统反应速度。

3）调节时间 t_s。

调节时间是响应曲线到达并停留在稳态值的 ±5%（或 ±2%）误差带 δ 范围内所需的最小时间。根据定义可得：

$$|c(t) - c(\infty)| = \left|\frac{\mathrm{e}^{-\zeta\omega_n t}}{\sqrt{1 - \zeta^2}}\sin(\omega_d t + \theta)\right| \leqslant \delta$$

采用近似的计算方法，忽略正弦函数的影响，认为指数项衰减到 0.05（或 0.02）时，过渡过程即进行完毕，得到：

$$\frac{\mathrm{e}^{-\zeta\omega_n t}}{\sqrt{1 - \zeta^2}} \leqslant \delta \quad (t \geqslant t_s)$$

在 $0 < \zeta < 0.9$ 时，可得到调节时间近似为：

$$t_s \approx \frac{3}{\zeta\omega_n} \quad （误差带宽度 \ \pm 5\% \ 时） \tag{3-29}$$

$$t_s \approx \frac{4}{\zeta\omega_n} \quad （误差带宽度 \ \pm 2\% \ 时） \tag{3-30}$$

由式（3-29）和式（3-30）可以看出，调节时间 t_s 与 $\zeta\omega_n$ 成反比。无阻尼振荡频率 ω_n 一定时，阻尼比 ζ 越大，调节时间 t_s 越小，系统快速性越好。

在设计系统时，ζ 通常由要求的超调量所决定，而调节时间 t_s 则由自然振荡频率 ω_n 所决定。即在不改变超调量的条件下，通过改变 ω_n 的值可以改变调节时间。

4）超调量 σ_p。

将峰值时间 $t_p = \pi/\omega_d$ 代入式（3-22）可得输出量的最大值为：

$$c(t)_{\max} = c(t_p) = 1 - \frac{e^{\frac{-\pi\zeta}{\sqrt{1-\zeta^2}}}}{\sqrt{1-\zeta^2}}\sin(\pi + \theta) \tag{3-31}$$

而 $\theta = \arctan\dfrac{\sqrt{1-\zeta^2}}{\zeta}$ 可得：

$$\sin(\pi + \theta) = -\sin\theta = -\sqrt{1-\zeta^2}$$

代入式（3-31）可得：

$$c(t_p) = 1 + e^{\frac{-\pi\zeta}{\sqrt{1-\zeta^2}}} \tag{3-32}$$

根据超调量的定义，并考虑到 $c(\infty) = 1$，由式（3-10）可得：

$$\sigma_p = e^{-\frac{\pi\zeta}{\sqrt{1-\zeta^2}}} \times 100\% \tag{3-33}$$

由式（3-33）可以看出，超调量只是阻尼比 ζ 的函数，与 ω_n 无关，且 ζ 越小，则 σ_p 越大，系统的相对稳定性差。当二阶系统的阻尼比 ζ 确定后，即可求得对应的超调量 σ_p。反之，如果给出了超调量的要求值，也可求得相应的阻尼比 ζ 的数值。

要使二阶系统具有满意的动态性能，必须选取合适的阻尼比和无阻尼自然振荡率。通常可根据系统对超调量的限制要求选定 ζ，然后再根据其他要求来确定 ω_n。

【例 3-3】图 3-17 所示二阶系统结构图中 $\zeta = 0.6$，$\omega_n = 5\text{rad/s}$。当系统受到单位阶跃输入信号作用时，试求上升时间 t_r、峰值时间 t_p、最大超调量 σ_p 和调整时间 t_s。

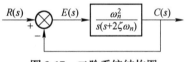

图 3-17　二阶系统结构图

解：根据给定的 ξ 和 ω_n 值，可以求得：

$$\omega_d = \omega_n\sqrt{1-\zeta^2} = 4$$

和

$$\sigma = \zeta\omega_n = 3$$

上升时间 t_r：

$$t_r = \frac{\pi - \theta}{\omega_d} = \frac{3.14 - \tan^{-1}\dfrac{\omega_d}{\sigma}}{4} = \frac{3.14 - 0.93}{4} = 0.55\text{s}$$

峰值时间 t_p：

$$t_p = \frac{\pi}{\omega_d} = \frac{3.14}{4} = 0.785$$

最大超调量 σ_p：

$$\sigma_p = e^{-(\zeta/\sqrt{1-\zeta^2})\pi} = e^{-(3/4)\times 3.14} = 0.095$$

因此，最大超调量百分比为 9.5%。

调整时间 t_s：

对于 2% 允许误差标准，调整时间为：

$$t_s = \frac{4}{\sigma} = \frac{4}{3} = 1.33\text{s}$$

对于 5% 允许误差标准，调整时间为：

$$t_s = \frac{3}{\sigma} = \frac{3}{3} = 1s$$

【例 3-4】 设单位反馈系统的开环传递函数为：

$$G(s) = \frac{K}{s(s+a)}$$

若要求系统的阶跃响应的瞬态性能指标为 $\sigma_p = 10\%$，$t_s(5\%) = 2$，试确定参数 K 和 a 的值。

解： 系统的闭环传递函数为：

$$\Phi(s) = \frac{K}{s^2 + as + K}$$

可得：

$$\omega_n = \sqrt{K} \qquad \zeta = \frac{a}{2\omega_n} = \frac{a}{2\sqrt{K}}$$

由超调量：

$$\sigma_p = e^{-\frac{\zeta\pi}{\sqrt{1-\zeta^2}}} \times 100\% = 10\%$$

可得阻尼比：

$$-\frac{\zeta\pi}{\sqrt{1-\zeta^2}} = \ln 0.1 = -2.3 \Rightarrow \zeta = 0.59$$

由调节时间：

$$t_s = \frac{3}{\zeta\omega_n} = 2$$

可得：

$$\omega_n = 2.54 \quad K = \omega_n^2 = 6.46$$
$$a = 2\zeta\omega_n = 3$$

读一读

利用 MATLAB 确定系统的动态性能指标

使用 MATLAB 所提供的功能可在单位阶跃响应曲线上确定系统的动态性能指标。例如一个二阶系统的单位阶跃响应如图 3-18 所示，在图中单击鼠标右键，会弹出如图 3-18 所示系统特性菜单窗口。

其中特性"Characteristics"内容中包括了峰值响应（Peak Response），峰值响应包含有系统输出最大值、超调量和峰值时间 t_p 三个性能指标的数据；特性内容中还包含了"Settlings Time"（调节时间 t_s）、"Rise Time"（上升时间 t_r）以及"Steady State"（稳态值）。通过鼠标左键单击可选定在曲线中显示一个或多个参数（以符号"√"表示），并在响应曲线中以"·"标示。将鼠标光标移动至该"·"点就会显示该点处参数值，如图 3-18 所示，从图中可以读出系统单位阶跃响应的峰值时间 t_p 为 1.55s，超调量为 20.8%，输出最大值为 1.21。

在图 3-18 中用鼠标左键选择最后 1 项"Properties..."，会弹出图 3-19 阶跃响应属性窗口，通过该窗口可对系统阶跃响应曲线的标识、量程、单位、坐标字体颜色和误差带及

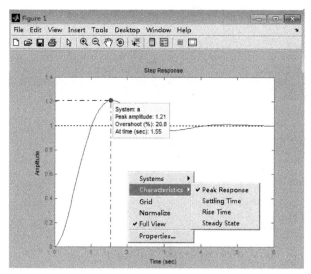

图 3-18 系统特性菜单窗口

调节时间等参数进行设置。

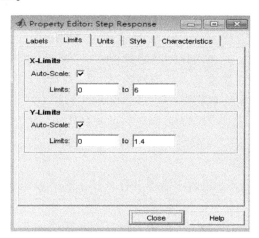

图 3-19 阶跃响应属性窗口

做一做

已知二阶系统传递函数为：

$$G(s) = \frac{30}{s^2 + 2s + 10}$$

（1）试计算该系统的阻尼系数 ζ、无阻尼振荡频率 ω_n、增益 K、峰值时间 t_p、超调量 $\sigma\%$、上升时间 t_r、调节时间 t_s 并填入表 3-3 中。

（2）仿真系统的单位阶跃响应曲线，从图中读出上升时间 t_r、峰值时间 t_p、调节时间 $t_s(\pm 2\%)$、超调量 $\sigma\%$、系统响应峰值 c_{max}、系统稳态值 $c(\infty)$ 各参数并填入表 3-4中。

（3）由实验所读的参数计算二阶系统的放大倍数 K、阻尼系数 ζ 和无阻尼振荡频率

ω_n 并填入表 3-5 中，并与理论计算值相比较。

表 3-5　二阶系统动态性能参数

性能参数	仿真读数或计算值	理论计算值
上升时间 t_r		
峰值时间 t_p		
增益 k		
调节时间 t_s(±2%)		
超调量 $\sigma\%$		
阻尼系数 ζ		
无阻尼自然振荡角频率 ω_n		

想一想

用时域分析法对系统进行分析和研究较为直观和准确，但求解高阶系统的时域响应往往十分困难，那还有更好的分析系统的方法吗？

3.2.2　系统的频域分析法

对自动控制系统而言，除了可以用时域分析法来分析系统特性，还可以从频域角度对系统性能进行分析。频率分析法可以用图解的方法进行分析计算，也可以用相应仪器测得各部件的频率特性，因此频率特性分析法具有很大的现实意义，其主要特点有：

（1）频率响应法是以传递函数为基础的一种控制系统分析方法。

（2）能根据系统的开环频率特性图形直观地分析系统的闭环响应，还能判别某些环节或参数对系统性能的影响。

（3）可以对基于机理模型的系统性能进行分析；还可以对来自实验数据的系统进行有效分析。

（4）频域分析法不仅适用于线性定常系统，而且还适用于纯滞后系统和部分非线性系统的分析。

1. 频率特性的基本概念

频率特性也称频率响应，它是指系统或部件对不同频率的正弦输入信号的稳态响应特性。

设线性系统在正弦信号输入作用下，在稳态情况下，输出信号同输入信号都是正弦函数，其频率与输入信号相同，只是幅值和相位一般与输入信号不同，且随着输入信号频率的变化而变化，如图 3-20 所示。

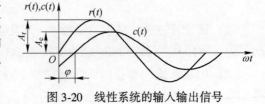

图 3-20　线性系统的输入输出信号

若正弦信号输入信号为 $r(t)=A_r\sin(\omega t+\varphi_r)$，输出信号为 $c(t)=A_c\sin(\omega t+\varphi_c)$，则它们对应的复数的相量形式为：

$$R(j\omega) = A_r e^{j\varphi_r}, \quad C(j\omega) = A_c e^{j\varphi_c}$$

系统输出稳态分量与输入正弦信号的复数比称为该系统的频率特性或幅相频率特性，用 $G(j\omega)$ 表示，且：

$$G(j\omega) = \frac{C(j\omega)}{R(j\omega)} = \frac{A_c}{A_r} e^{j(\varphi_c - \phi_r)} = A(\omega) e^{j\phi(\omega)} \tag{3-34}$$

在式（3-34）中，振幅比 $A(\omega)$ 随频率变化而变化的特性称为系统的幅频特性，是频率特性 $G(j\omega)$ 的模，相位差 $\Phi(\omega)$ 随频率变化而变化的特性称为系统的相频特性，是频率特性 $G(j\omega)$ 的幅角，两者统称为频率特性。且有：

$$A(\omega) = \frac{A_c}{A_r} = |G(j\omega)| \tag{3-35}$$

$$\varphi(\omega) = \angle G(j\omega) \tag{3-36}$$

幅频特性描述了系统在稳态下响应不同频率正弦输入信号下幅值衰减或放大的特性，相频特性描述了系统在稳态下响应不同频率正弦输入信号时在相位上产生滞后或超前的特性。两者综合起来反映了系统对不同频率信号的响应特性。而这种特性又反映了自动控制系统内在的动、静态性能，因此从研究和改善系统的频率特性着手，便可间接地去研究和改善系统的性能。

可见，频率特性作为控制系统的一种数学模型，与微分方程和传递函数一样，都描述了系统的运动规律，成为系统特性分析的理论依据。只是频率特性是频域中的数学模型，传递函数是复数域中的数学模型，微分方程是时域中的数学模型，在一定条件下，这三者之间可相互转换，如图 3-21 所示。

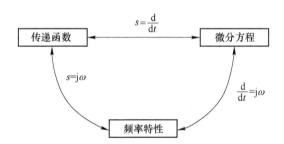

图 3-21 频率特性、微分方程及传递函数之间的关系

【例 3-5】设系统的传递函数为：

$$G(s) = \frac{y(s)}{x(s)} = \frac{1}{s^2 + 3s + 4}$$

写出其微分方程和频率特性表达式。

解：微分方程为：

$$\frac{y(t)}{x(t)} = \frac{1}{\dfrac{d^2}{dt^2} + 3\dfrac{d}{dt} + 4} \Rightarrow \frac{d^2 y(t)}{dt^2} + 3\frac{dy(t)}{dt} + 4y(t) = x(t)$$

频率特性表达式为：

$$G(j\omega) = \frac{y(j\omega)}{x(j\omega)} = \frac{1}{(j\omega)^2 + 3(j\omega) + 4}$$

2. 频率特性的方法

（1）数学表示方式。

频率特性是一个复数，和其他复数一样可以表示为指数形式、直角坐标和极坐标等几种形式，即：

$$G(j\omega) = U(\omega) + jV(\omega)$$
$$= |G(j\omega)| \angle G(j\omega)$$
$$= M(\omega) e^{j\varphi(\omega)}$$

以上各式中，通常称 $U(\omega)$ 为实频特性，$V(\omega)$ 为虚频特性，$M(\omega)$ 为幅频特性，$\varphi(\omega)$ 为相频特性，$G(j\omega)$ 为频率特性，且幅频特性、相频特性和实频特性、虚频特性之间具有下列关系：

实频特性为：　　　　　　$U(\omega) = M(\omega) \cdot \cos\varphi(\omega)$

虚频特性为：　　　　　　$V(\omega) = M(\omega) \cdot \sin\varphi(\omega)$

幅频特性为：　　　$M(\omega) = |G(j\omega)| = \sqrt{U^2(\omega) + V^2(\omega)}$

相频特性为：　　　　　$\varphi(\omega) = \angle G(j\omega) = \arctan\frac{V(\omega)}{U(\omega)}$

（2）图形表示方式。

频率特性的图形表示是描述系统的输入频率 ω 在 0→∞ 变化时，频率特性的幅值、相位与频率之间关系的一组曲线。图示方法简明、清晰，在工程上得到广泛应用。用来描述频率特性的图形主要有极坐标图和伯德图。

1）极坐标图。

极坐标图又称奈奎斯特图或幅相频率特性图，简称奈氏图。它是以开环频率特性的实部为直角坐标横坐标，以其虚部为纵坐标，以 ω 为参变量的幅值与相位的图解表示法。

根据频率特性 $G(j\omega)$ 的极坐标形式 $G(j\omega) = A(\omega) \angle \varphi(\omega)$，其幅值 $A(\omega)$ 表示矢量的大小，相位 $\varphi(\omega)$ 表示矢量的方向，当输入信号的频率 ω 由 0→∞变化时，向量 $G(j\omega)$ 的幅值和相位也随之作相应的变化，则极坐标图表示矢量 $G(j\omega)$ 的端点在 ω 由 0 变到 ∞ 时所经过的运动轨迹曲线，如图 3-22 所示。

极坐标图需要逐点计算和描绘，工作量较大，而且图形又不规则，特别在相乘或相除时图形变换不方便，因此其应用受到限制。

2）对数频率特性曲线。

对数频率特性曲线又称伯德图，它是将幅频特性和相频特性分别绘制在两个不同的坐标平面上，前者叫对数幅频特性，后者叫对数相频特性。对数频率特性曲线的坐标系如图 3-23 所示。

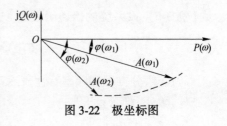

图 3-22　极坐标图

对数幅频特性的纵坐标 $L(\omega)$ 是线性的，分度均匀，它是频率特性幅值的对数乘以

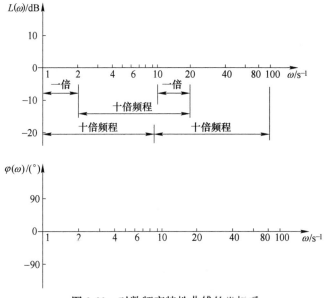

图 3-23 对数频率特性曲线的坐标系

20，即 $L(\omega) = 20\lg|G(j\omega)|$，单位为"分贝"，记作 dB。

对数相频特性的纵轴也是线性分度，它表示相角的度数，即 $\varphi(\omega) = \angle G(j\omega)$。

对数幅频特性和相频特性的横坐标相同，都为频率 ω，单位是 rad/s。注意分度是不均匀的，而是由疏到密周期性变化排列。横坐标一般按对数 $\lg\omega$ 分度，频率 ω 每扩大 10 倍。

在横轴上变化一个单位长度，该长度称为十倍频程，用 dec 表示。ω 与 $\lg\omega$ 两者关系见表 3-6。

表 3-6 ω 与 $\lg\omega$ 的关系

ω	10^{-2}	10^{-1}	10^0	10^1	10^2
$\lg\omega$	-2	-1	0	1	2

由表格数据可以看出，对于 ω 坐标分度不均匀，而对于 $\lg\omega$ 则是均匀的。而且由于每一个系统的频率范围都是很宽的，若不采用对数刻度，1000 个频点就需要 1000 个单位，而采用对数刻度后只需要采用 4 个单位就可以了。因此频率特性曲线一般都绘制在这种纵轴等分坐标，而横轴为对数坐标的半对数坐标系上。

注意绘制伯德图时，起始点的频率不一定都从 1 开始，究竟取多少要根据所研究的系统的频率段而定，一般尽量让对数频率特性曲线处在坐标中间位置。

采用对数坐标表示系统的频率特性，其优点如下：

①可以将幅值的乘除运算转换为加减运算。

②在对系统作近似分析时，一般只需要画出对数幅频特性曲线的渐近线，从而大大简化了图形的绘制。

③对一些难以建立数学模型的系统（或环节），可采用实验方法测得系统（或环节）频率特性数据，根据数据绘出其对应的对数频率特性曲线，可方便对系统的特性进行

分析。

做一做

频率特性曲线的测绘。

（1）在 MATLAB 中启动 Simulink 工具，建立图 3-24 所示二阶系统开环传递函数为 $G(s) = \dfrac{4}{s^2 + s}$ 的仿真结构图。

图 3-24　仿真结构图

（2）双击正弦输入信号图标，将输入信号幅值设为 4，按表 3-6 所示改变输入正弦信号的角频率（角频率范围在 0.1~5rad/s 分布），分别测量各频率时输入、输出信号的幅值以及输入输出信号之间的时间差 ΔT，并计算输出与输入信号的幅值之比 U_o/U_i 和相位差 $\Delta\varphi$ 于表 3-7 中（在相位差为 90° 附近可多测几个点）。

表 3-7　频率特性曲线测量数据

$\omega/\mathrm{rad}\cdot\mathrm{s}^{-1}$	T/s	U_i/V	U_o/V	$\Delta T/\mathrm{s}$	U_o/U_i	$\Delta\varphi/(°)$

（3）根据实验所测的数据在下面对数坐标纸中绘制二阶系统的频率特性曲线，如图 3-25 所示。

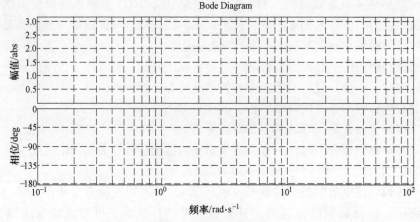

图 3-25　频率特性曲线

3. 典型环节的频率特性

（1）比例环节。

比例环节的传递函数为：

$$G(s) = K$$

其对应的频率特性为：

$$G(j\omega) = K \tag{3-37}$$

其幅频特性 $A(\omega)$ 和相频特性 $\varphi(\omega)$ 为：

$$\begin{cases} A(\omega) = K \\ \varphi(\omega) = 0° \end{cases}$$

比例环节的极坐标图为实轴上的 K 点，如图 3-26 所示。

由图可看出比例环节的幅频特性为常数 K，相频特性等于零度，它们都与频率无关。理想的比例环节能够无失真和无滞后地复现输入信号。

比例环节的对数频率特性为：

$$\begin{cases} L(\omega) = 20\lg A(\omega) = 20\lg K \\ \varphi(\omega) = 0° \end{cases}$$

可见，比例环节的对数幅频特性如图 3-27 所示，它是一条与角频率 ω 无关且平行于横轴的直线，对数相频特性是一条与横轴重合的直线。当 K 值改变时，只会影响对数幅频特性的幅值，对相频特性没有影响。

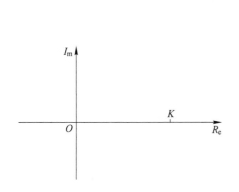

图 3-26 比例环节极坐标图

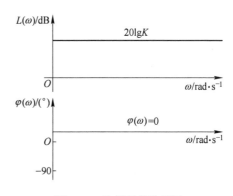

图 3-27 比例环节伯德图

（2）积分环节。

积分环节的传递函数为：

$$G(s) = \frac{1}{s}$$

频率特性：

$$G(j\omega) = \frac{1}{j\omega} = \frac{-j}{\omega} = \frac{1}{\omega}e^{-90°} \tag{3-38}$$

其幅频特性 $A(\omega)$ 和相频特性 $\varphi(\omega)$ 为：

$$\begin{cases} A(\omega) = \dfrac{1}{\omega} \\ \varphi(\omega) = -90° \end{cases}$$

积分环节的极坐标图为负虚轴。频率 ω 从 $0 \to \infty$ 特性曲线由虚轴的 $-\infty$ 趋向原点，如图 3-28 所示。

积分环节的对数频率特性为：

$$\begin{cases} L(\omega) = 20\lg\dfrac{1}{\omega} = -20\lg\omega \\ \varphi(\omega) = -90° \end{cases}$$

当 $\omega = 1$ 时，$L(\omega) = 0$；当 $\omega = 10$ 时，$L(\omega) = -20\text{dB}$。

因而这是一条在 $\omega = 1$ 处穿过横轴的斜线，其斜率为：

$$20\lg\frac{1}{10\omega} - 20\lg\frac{1}{\omega} = -20\lg10\omega + 20\lg\omega = -20\text{dB}$$

即频率变化 10 倍，对数幅值下降 -20dB，如图 3-29 所示。

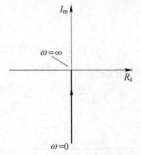

图 3-28　积分环节极坐标图

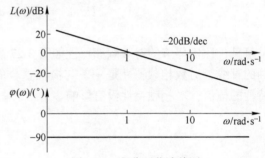

图 3-29　积分环节波德图

想一想

如果有 n 个积分环节，那么它们的频率特性有何特点呢？

当有 n 个积分环节串联时，即：

$$G(j\omega) = \frac{K}{(j\omega)^n} \tag{3-39}$$

其对数幅频特性为：

$$20\lg\left| G(j\omega) \right| = 20\lg\frac{K}{\omega^n} = 20\lg K - n \times 20\lg\omega$$

对数相频特性为：

$$\varphi(\omega) = -n \times 90°$$

其对数幅频特性曲线是一条斜率为 $-n \times 20$，且在 $\omega = 1\text{rad/s}$ 时过坐标为 $20\lg K$ 这一点，如图 3-30 所示。相频特性是一条与 ω 无关，其值为 $-n \times 90°$ 且与 ω 轴平行的直线。

想一想

若积分环节放大倍数为 K，积分环节与横轴相交点的频率 ω 与放大倍数 K 的关系是_____；即当积分环节个数 $n = 1$ 时，积分环节与横轴相交点的频率 $\omega =$_____；当积

分环节个数 $n=2$ 时，积分环节与横轴相交点的频率 $\omega=$ _____。

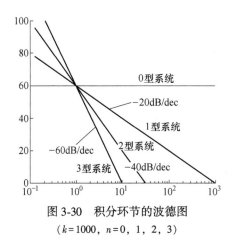

图 3-30 积分环节的波德图

（$k=1000$，$n=0$，1，2，3）

（3）微分环节。

微分环节的传递函数：

$$G(s) = s$$

频率特性为：

$$G(j\omega) = j\omega \tag{3-40}$$

其幅频特性 $A(\omega)$ 和相频特性 $\varphi(\omega)$ 为：

$$\begin{cases} A(\omega) = \omega \\ \varphi(\omega) = 90° \end{cases}$$

微分环节的极坐标图为正虚轴。频率 ω 从 $0 \to \infty$ 特性曲线由原点趋向虚轴的 $+\infty$，如图 3-31 所示。

微分环节的对数频率特性为：

$$\begin{cases} L(\omega) = 20\lg A(\omega) = 20\lg\omega \\ \varphi(\omega) = 90° \end{cases}$$

这是一条在 $\omega=1$ 处穿过横轴的斜线，其斜率为 $+20\mathrm{dB/dec}$，如图 3-32 所示。

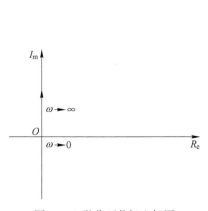

图 3-31 微分环节极坐标图

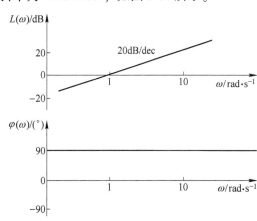

图 3-32 微分环节波德图

想一想

积分环节和微分环节的传递函数互为＿＿＿＿＿＿，其对数频率特性曲线关于＿＿＿＿＿＿轴对称。

（4）惯性环节。

惯性环节的传递函数为：

$$G(s) = \frac{1}{1 + Ts}$$

频率特性：

$$G(j\omega) = \frac{1}{1 + jT\omega} = \frac{1}{\sqrt{1 + T^2\omega^2}}e^{j\varphi(\omega)} \tag{3-41}$$

其幅频特性 $A(\omega)$ 和相频特性 $\varphi(\omega)$ 为：

$$\begin{cases} A(\omega) = \dfrac{1}{\sqrt{1 + T^2\omega^2}} \\ \varphi(\omega) = -\tan^{-1}T\omega \end{cases}$$

当：$\omega = 0$，$A(\omega) = 1$；$\varphi(\omega) = 0$

$$\omega = \frac{1}{T}, \ A(\omega) = \frac{1}{\sqrt{2}}; \ \varphi(\omega) = -45°$$

$$\omega = \infty, \ A(\omega) = 0; \ \varphi(\omega) = -90°$$

当 ω 由零至无穷大变化时，惯性环节的频率特性在复平面上是正实轴下方的半个圆周，如图3-33所示。

惯性环节的对数幅频特性为：

$$20\lg A(\omega) = 20\lg \frac{1}{\sqrt{1 + T^2\omega^2}} = -20\lg\sqrt{1 + T^2\omega^2}$$

其对数幅频特性采用近似的方法绘制，如图3-34所示。

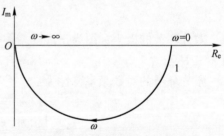

图3-33　惯性环节极坐标图

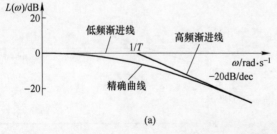

(a)

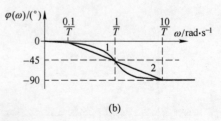

(b)

图3-34　惯性环节波德图

（a）幅频特性曲线；（b）相频特性曲线

在低频段，$T\omega \ll 1$ 时，可忽略 $T\omega$，则：

$$L(\omega) = -20\lg\sqrt{1 + \omega^2 T^2} \approx 20\lg 1 = 0\text{dB}$$

即在频率很低时，惯性环节的幅频特性曲线近似与横轴重合，称为低频渐近线。

在高频段，$T\omega \gg 1$ 时，则有：

$$L(\omega) = -20\lg\sqrt{1 + \omega^2 T^2} \approx -20\lg\omega T \quad (\text{dB})$$

这是一条斜率为-20dB/dec 的直线，称为高频渐近线。

高、低频渐近线的交点为：

由：

$$L(\omega) = -20\lg 1 \approx -20\lg\omega T \quad (\text{dB})$$

可得：

$$T\omega = 1 \Rightarrow \omega = 1/T$$

$\omega = 1/T$ 称为转折频率或交接频率，它是高、低频渐近线相交点的频率。

而惯性环节实际的精确对数幅频特性曲线如图 3-34（a）所示，很明显，距离转折频率 ω_0 越远，越能满足近似条件，用渐近线表示对数幅频特性的精度就越高；反之，距离转折频率越近，渐近线的误差越大。当频率等于转折频率 ω_0 时，误差最大，且最大误差即最大修正量为：

$$L(\omega) = -20\lg\sqrt{1 + T^2\omega^2}\Big|_{\omega=\frac{1}{T}} = -20\lg\sqrt{2} = -3\text{dB}$$

由此可见，以渐近线取代实际精确曲线，引起的误差是不大的。

惯性环节的对数相频特性曲线是一条由 0°～-90°范围内变化的反正切函数曲线，如图 3-34（b）中曲线 1 所示，且以 $\omega = 1/T$ 和 $\varphi(\omega) = -45°$ 的交点为斜对称。利用式（3-41）可计算各频率下的相位角，然后采用描点法精确绘出。

为简化计算且绘图的统一，对数相频特性曲线也可采用近似的方法绘制，如图 3-34（b）中曲线 2 所示。

低频时，即当 $\omega \leqslant 0.1/T$ 时，$\varphi(\omega)$ 近似达到 0°，低频渐近线为一条 $\varphi(\omega) \to 0°$ 的水平线；高频时，即当 $\omega \geqslant 10/T$ 时，$\varphi(\omega)$ 近似达到-90°，高频渐近线为一条 $\varphi(\omega) \to 90°$ 的水平线；在转折频率时，$\omega = 1/T$，$\varphi(\omega) = -45°$；而在交接频率的正负 10 倍频率范围内，相频特性曲线则近似为线性变化的一条斜线。

从以上分析可看出，惯性环节的时间常数 T 是一个重要参数，T 变化会引起对数频率特性曲线转折频率位置的变化，造成对数频率特性曲线左右平移，但并不会改变其形状。

（5）振荡环节。

振荡环节的传递函数为：

$$G(s) = \frac{\omega_n^2}{s^2 + 2\zeta\omega_n s + \omega_n^2} = \frac{1}{T^2 s^2 + 2\zeta T s + 1}$$

其频率特性为：

$$G(j\omega) = \frac{1}{T^2(j\omega)^2 + 2\zeta T(j\omega) + 1} = \frac{1}{1 - T^2\omega^2 + j2\zeta T\omega} \tag{3-42}$$

其幅频特性 $A(\omega)$ 和相频特性 $\varphi(\omega)$ 为：

$$\begin{cases} A(\omega) = \dfrac{1}{\sqrt{(1 - \omega^2 T^2)^2 + 4\zeta^2\omega^2 T^2}} \\ \varphi(\omega) = -\arctan\dfrac{2\zeta\omega T}{1 - \omega^2 T^2} \end{cases}$$

当：$\omega = 0$，$A(\omega) = 1$；$\varphi(\omega) = 0$

$\omega = \dfrac{1}{T}$，$A(\omega) = \dfrac{1}{2\zeta}$；$\varphi(\omega) = -90°$

$\omega = \infty$，$A(\omega) = 0$；$\varphi(\omega) = -180°$

因而可绘制振荡环节的幅相频率特性曲线，如图 3-35 所示。

由以上可以看出，振荡环节的频率特性不仅与 ω 有关，还与阻尼系数 ζ 有关。

对应的对数幅频特性为：

$$\begin{cases} L(\omega) = -20\lg\sqrt{(1 - \omega^2 T^2)^2 + (2\zeta\omega T)^2} \\ \varphi(\omega) = -\arctan\dfrac{2\zeta T\omega}{1 - T^2\omega^2} \end{cases}$$

其对数幅频特性也可采用近似的方法绘制，如图 3-36 所示。

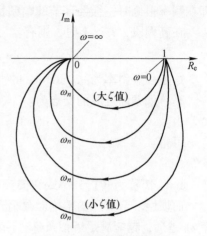

图 3-35　振荡环节的幅相
频率特性曲线

在低频段，$T\omega \ll 1$ 时，可忽略 $T\omega$，有：

$$L(\omega) \approx -20\lg 1 = 0\text{dB}, \quad \Phi(\omega) \approx 0°$$

在高频段，$T\omega \gg 1$ 时，则有：

$$L(\omega) = -20\lg\sqrt{(1 - \omega^2 T^2)^2 + (2\zeta\omega T)^2} \approx -40\lg\omega T, \quad \varphi(\omega) = -180°$$

由此可知，对数幅频特性的低频渐近线为一条 0dB 的水平线，高频渐近线是一条斜率为-40dB/dec 的直线，两渐近线相交于横轴 $\omega = 1/T$，该频率称为振荡环节的转折频率或交接频率，如图 3-36（a）所示。

在转折频率处，实际对数幅值 $L(\omega)$ 为：

$$L(\omega) = -20\lg(2\zeta) \tag{3-43}$$

由式（3-43）可以看出，当 $\omega = 1/T$ 时，$L(\omega)$ 实际精确值和近似值之间存在误差，该误差和阻尼系数 ζ 相关。一般在阻尼系数 $\zeta < 0.4$ 或 $\zeta > 0.7$ 时，对数幅频特性误差较大，应当进行修正。

振荡环节的对数相频特性曲线是一条由 0° ~ -180° 范围内变化的反正切函数曲线，且以转折频率 $\omega = \dfrac{1}{T}$ 和 $\varphi(\omega) = -90°$ 的交点为斜对称，如图 3-36（b）中曲线 1 所示。绘图时，对数相频特性曲线也可采用近似方法绘制，如图 3-36（b）中曲线 2 所示。

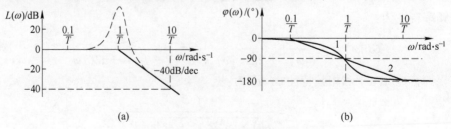

（a）　　　　　　　　　　　（b）

图 3-36　振荡环节的波德图

（a）幅频特性曲线；（b）相频特性曲线

想一想

（1）一阶微分环节和_____环节的传递函数互为倒数，其幅频特性斜率为_____，相频特性从_____到_____。

（2）二阶微分环节和_____环节的传递函数互为倒数，其幅频特性斜率为_____，相频特性从_____到_____。

小结

控制系统总共有哪几个典型环节？各环节传递函数、频率特性各有何特点？

请将结果填入表 3-8 中。

表 3-8 典型环节的频率特性

典型环节名称	传递函数	伯德图
比例		
积分		
微分		
一阶惯性		
一阶微分		
二阶振荡环节		

4. 开环系统的频率特性

系统的开环传递函数通常为反馈回路中各串联环节传递函数的乘积，若熟悉了典型环节的对数频率特性，则开环系统的对数频率特性也容易绘制。

（1）叠加法绘制开环系统的对数频率特性曲线。

假设系统的开环传递函数 $G(s)$ 由 n 个典型环节 $G_1(s)$，$G_2(s)$，$\cdots$，$G_n(s)$ 串联而成，则其对应的对数幅频和相频特性分别为：

$$L(\omega) = 20\lg |G(j\omega)| = 20\lg |G_1(j\omega)| + 20\lg |G_2(j\omega)| + \cdots + 20\lg |G_n(j\omega)|$$
$$= L_1(\omega) + L_2(\omega) + \cdots + L_n(\omega)$$
$$\phi(\omega) = \angle G_1(j\omega) + \angle G_2(j\omega) + \cdots + \angle G_n(j\omega)$$

由此可见，串联环节总的对数幅频特性等于各串联环节对数幅频特性之和，其总的相频特性等于各串联环节相频特性之和。因此采用叠加法可方便地绘制系统开环对数频率特性曲线。

叠加法作图的步骤：

1）将系统传递函数化成唯一标准型，判断该系统有几个典型环节。

2）画出系统每一个典型环节的波德图，然后将各个典型环节的特性曲线在纵轴方向进行叠加。

【例 3-6】 开环系统传递函数为：

$$G(s) = \frac{1}{s(s+2)}$$

试画出该系统的开环对数频率特性曲线。

解：将传递函数化成唯一标准型：

$$G(s) = \frac{1}{s(s+2)} = \frac{0.5}{s\left(\frac{1}{2}s+1\right)}$$

可见系统有一个积分环节 $0.5/s$ 和一个惯性环节 $1\left/\left(\frac{1}{2}s+1\right)\right.$，且 $T_1 = 1/2$，则转折点频率为：

$$\omega_1 = \frac{1}{T_1} = 2$$

首先采用渐近线近似画出惯性环节的对数幅频特性曲线和对数相频特性曲线，如图 3-37 中的曲线 1，积分环节的对数幅频特性曲线和对数相频特性曲线，如图 3-37 中的曲线 2，然后分段叠加，得到开环系统对数频率特性曲线，如图 3-37 中的曲线 3。

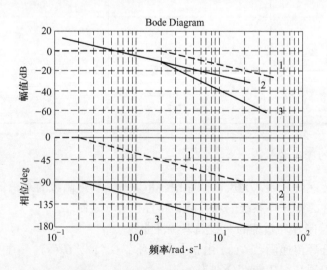

图 3-37　开环系统的对数频率特性曲线

从上例看出，叠加法可以绘制开环系统的对数频率特性曲线，但需要先绘制出各环节的对数频率特性曲线，然后进行叠加，过程比较烦琐。因而常采用另外一种更简便的方法绘制图形。

（2）转折渐近线作图法。

该方法是根据开环传递函数直接绘制开环系统的对数频率特性曲线，其具体步骤为：

1）确定放大倍数 K、积分环节的个数 v 和各转折频率，并将这些频率按由小到大的顺序依次标注在频率轴上。

2）确定低频渐近线：$L(\omega) = 20\lg K - 20v\lg\omega$ 这是第一条折线，其斜率为 $-20v\mathrm{dB/dec}$，且该线过点（1，$20\lg K$）。

3）画好低频渐近线后，从低频开始沿频率增大的方向，每遇到一个转折频率按以下原则改变一次分段直线的斜率：

遇到一阶微分环节时，斜率增加 $+20\mathrm{dB/dec}$；

遇到二阶微分环节时，斜率增加 $+40\mathrm{dB/dec}$；

遇到一阶惯性环节时，斜率下降 $-20\mathrm{dB/dec}$；

遇到二阶振荡环节时，斜率下降 $-40\mathrm{dB/dec}$。

4）如果需要，可对渐近线进行修正，以获得较精确的对数幅频特性曲线。

5）相频特性还是需要利用叠加法或者利用相频特性表达式，直接计算不同频率 ω 下的相位角，再用描点法进行绘制。

【例 3-7】 系统开环特性为：

$$G(s) = \frac{10(0.2s + 1)}{s(2s + 1)}$$

试画出开环对数幅频特性曲线。

解：系统由以下各个环节组成：

$$G(s) = 10 \cdot \frac{1}{s} \cdot \frac{1}{2s + 1} \cdot (0.2s + 1) = G_1(s)G_2(s)G_3(s)G_4(s)$$

即：$G_1(s) = 10$，$L_1(\omega) = 20\lg 10 = 20\mathrm{dB}$；

$G_2(s) = \dfrac{1}{s}$，决定低频段的斜率为 $-20\mathrm{dB/dec}$；

$G_3(s) = \dfrac{1}{2s + 1}$，转折频率为 $\omega_3 = \dfrac{1}{T_3} = \dfrac{1}{2} = 0.5\mathrm{rad/s}$；

$G_4(s) = 0.2s + 1$，转折频率为 $\omega_4 = \dfrac{1}{T_4} = \dfrac{1}{0.2} = 5\mathrm{rad/s}$。

由以上数据可以绘出该系统对数幅频特性曲线。

（1）该系统是 Ⅰ 型系统，即有一个积分环节，所以 $v = 1$，因而低频渐近线的斜率为 $-20\mathrm{dB/dec}$。且当 $\omega = 1$ 时，$20\lg|G_1(\mathrm{j}\omega)| = 20\lg 10 = 20\mathrm{dB}$。

因此低频渐近线过点（1，20）。

（2）当 $\omega \geqslant 0.5$ 时，由于惯性环节对信号幅值的衰减作用，使分段直线的斜率 $-20\mathrm{dB/dec}$ 变为 $-40\mathrm{dB/dec}$。同理，当 $\omega \geqslant 5$ 时，由于遇一阶微分环节，使分段直线的斜率由 $-40\mathrm{dB/dec}$ 变为 $-20\mathrm{dB/dec}$。

所以该系统对数幅频特性曲线如图 3-38 所示。

【例 3-8】 系统开环传递函数为：

$$G_k(s) = \frac{10}{(0.25s + 1)(0.25s^2 + 0.4s + 1)}$$

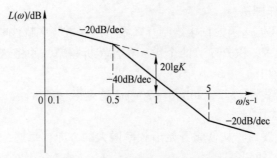

图 3-38　系统的开环对数幅频特性曲线

试绘出开环对数频率特性曲线。

解： （1）该系统是 0 型系统，即无积分环节，所以：

$$v = 0, \ K = 10, \ T_1 = 0.25, \ T_2 = 0.5$$

则：

$$\omega_1 = \frac{1}{T_1} = 4, \ \omega_2 = \frac{1}{T_2} = 2, \ 20\lg K = 20\text{dB}$$

（2）绘出该系统对数幅频特性曲线的渐近线。

1）低频渐近线：斜率为 $-20v = 0\text{dB}$，且过点（1，20）。

2）当 $\omega \geqslant 2$ 时，由于振荡环节对信号幅值的衰减作用，使分段直线的斜率 0dB/dec 变为 -40dB/dec。

3）当 $\omega \geqslant 4$ 时，由于惯性环节对信号幅值的衰减作用，使分段直线的斜率由 -40dB/dec 变为 -60dB/dec。

所以系统的开环对数幅频特性曲线如图 3-39 所示。

（3）相频特性曲线：可分别画出惯性环节和振荡环节的开环对数相频特性曲线，如图 3-39 中曲线 1 和曲线 2 所示，然后将两者叠加，即可得到系统的开环对数相频特性曲线，如图 3-39 中曲线 3 所示。

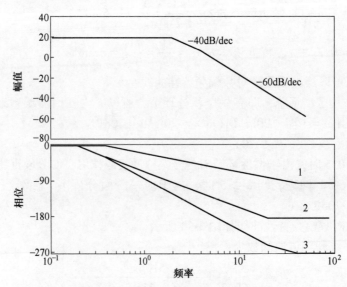

图 3-39　系统的开环对数频率特性曲线

5. 根据频率特性确定系统的传递函数

根据系统的传递函数可以很方便绘制系统的对数频率特性曲线，反过来根据开环对数幅频特性曲线也可以确定系统的传递函数。但要注意不是在任何情况下根据系统的频率特性都可以确定系统的传递函数，必须具备一定的条件。

如果系统的开环传递函数在右半 s 平面上没有极点或零点，则称为最小相位传递函数。具有最小相位传递函数的系统称为最小相位系统。具有相同幅频特性的系统，最小相位系统的相角范围是最小的。也就是说，对于最小相位系统，一条对数幅频特性曲线只能有一条对数相频特性曲线与之对应，反之亦然。因此，对于最小相位系统，只要根据对数幅频特性曲线就能确定其传递函数。

根据对数幅频特性曲线确定系统传递函数的方法：

（1）由对数幅频特性曲线的低频斜率判别系统所含积分环节的个数。

（2）按由小到大的顺序找出各转折点频率，确定相应的时间常数和各转折频率所对应环节的类型。

（3）在图中查找 $\omega=1$ 时的对数幅频坐标值 $20\lg K$，即坐标点 $A(1, 20\lg K)$，若第一个交接频率小于1，则利用其延长线的 A 点坐标值，求出 K 值。

（4）最后根据斜率等特性判断系统由哪些典型环节组成，从而可直接求出传递函数。

【例3-9】 已知最小相位系统的渐近幅频特性如图3-40所示，试确定系统的传递函数，并写出系统的相频特性表达式。

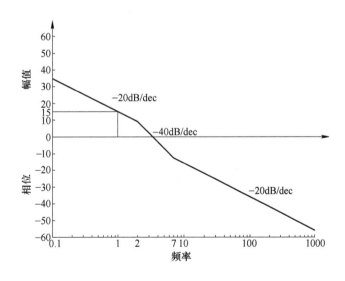

图3-40 系统的渐近幅频特性

解：（1）由于低频段斜率为-20dB/dec，所以有一个积分环节；

（2）在 $\omega=1$ 处，$L(w)=15$dB，可得 $20\lg K=15$，$K=5.6$；

（3）在 $\omega=2$ 处，斜率由-20dB/dec 变为-40dB/dec，故有惯性环节 $1/(s/2+1)$；

（4）在 $\omega=7$ 处，斜率由-40dB/dec 变为-20dB/dec，故有一阶微分环节 $(s/7+1)$。

故系统的传递函数为：

$$G(s) = \frac{5.6\left(\dfrac{1}{7}s + 1\right)}{s\left(\dfrac{1}{2}s + 1\right)}$$

系统的相频特性表达式为：

$$\varphi(\omega) = -90° + \tan^{-1}\frac{\omega}{7} - \tan^{-1}\frac{\omega}{2}$$

对于最小相位系统，其开环系统放大倍数 K 还可以通过幅频特性曲线的斜率和几何三角形来确定。

【例 3-10】 求图 3-41 所示最小相位系统的传递函数。

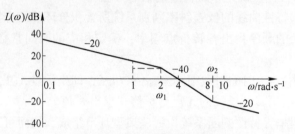

图 3-41　系统的渐近幅频特性

解：（1）由幅频特性可写出系统的传递函数为：

$$G(s) = \frac{k(T_2 s + 1)}{s(T_1 s + 1)}$$

（2）确定系统时间常数：

$$T_1 = \frac{1}{\omega_1} = \frac{1}{2} = 0.5 \qquad T_2 = \frac{1}{\omega_2} = \frac{1}{8} = 0.125$$

（3）确定系统放大倍数 K

$$L(1) = 20\lg K = 20(\lg 2 - \lg 1) + 40(\lg 4 - \lg 2) = 60\lg 2 = 20\lg 2^3$$

可得 $K = 8$，所以系统的传递函数为：

$$G(s) = \frac{8(0.125s + 1)}{s(0.5s + 1)}$$

值得注意的是，在实际工程中，所有的控制系统并不都是最小相位系统，对于非最小相位系统和延迟环节的系统，其传递函数不能只根据幅频特性来确定，还需同时参考相频特性才能确定。

读一读

利用 MATLAB 对控制系统性能进行分析

1. 基于 Simulink 的控制系统建模与仿真分析

在 MATLAB 中，除了前面介绍的用控制系统工具箱中提供的函数实现对系统进行建模和仿真分析之外，还可以用 Simulink 工具箱对控制系统进行分析。它是用来进行建模、分析和仿真各种动态系统的一种交互环境，提供了采用鼠标拖放的方法建立系统框图模型的图形交互平台。通过 Simulink 模块库提供的各类模块，可以快速地创建动态系统的模型。

（1）Simulink 的应用基础。

起动 Simulink 的方式有两种，首先必须运行 MATLAB，在此基础上再运行 Simulink。

1）在 MATLAB 命令窗口中直接输入"simulink"并按"回车"键。

2）用鼠标左键单击 MATLAB 桌面工具栏中的 Simulink 图标 。

（2）Simulink 的模块库按照用途可分成四类。

1）系统基本构成模块库，包括：连续（Continuous）模块组、非连续（Discontinuities）模块组和离散（Discrete）模块组。其中连续模块组包含了线性定常连续系统建模与仿真所需的各类模块，其功能及说明见表3-9。

表3-9　常用连续模块功能说明

模块名称	模块形状	模块用途
微分模块（Derivative）	du/dt	对输入信号进行微分
积分模块（Integrator）	$\frac{1}{s}$	对输入信号进行积分
状态空间模型（State-Space）	x=Ax+Bu y=Cx+Du	建立一个状态空间数模型
传递函数（Transfer Fcn）	$\frac{1}{s+1}$	建立一个多项式传递函数模型
Transport Delay		对输入进行给定的延迟
零-极点模型（Zero-poly）	$\frac{(s-1)}{s(s+1)}$	建立一个零-极点模型数学模型

2）专业模块库，包括：模型校核（Model Verification）模块组和模型扩充（Model Wide Utilities）模块组。

3）连接、运算模块库，包括：逻辑和位运算（Logic and Bit Operations）模块组、查表（Lookup Tables）模块组、数学运算（Math Operations）模块组、端口与子系统（Port & Subsystems）模块组、信号属性（Signal Attributes）模块组、信号通路（Signal Routing）模块组等，常见的数学运算模块组件说明见表3-10。

表3-10　数学运算模块组件说明

模块名称	模块形状	模块功能
绝对值运算模块 Abs	|u|	绝对值运算：输出/输入信号的绝对值或模

模块名称	模块形状	模块功能
代数运算模块 Add	+ +	代数运算：将输入量相加或相减
增益模块 Gain	1	将输入乘以一个指定的常数、变量或表达式后输出
乘除模块 Divide	× ÷	乘法与除法
求和模块 Sum	+ +	实现代数求和：与 Add 模块功能相同

　　4）输入/输出模块库，包括：信源（Sources）模块组和信宿（Sinks）模块组，见表 3-11 和表 3-12。

表 3-11　常用信源模块组件说明

模块名称	模块形状	模块功能
脉冲信号发生器模块 Pulse Generator		脉冲信号输出： 产生固定频率脉冲序列，用于连续系统
斜坡信号模块 Ramp		斜坡信号输出： 产生指定初始时间、初始幅度和变化率的斜坡信号
阶跃信号模块 Step		阶跃信号输出： 可设置阶跃信号发生时刻和阶跃发生前后的幅值
信号发生器模块 Signal Generator	0000 0 0	周期信号输出： 可产生正弦波、方波和锯齿波；可设置幅值和频率（单位是 Hz 或 rad/s）
正弦波信号模块 Sine Wave		正弦波输出： 可设置幅值、相位、频率

表 3-12　常用信宿模块组件说明

模块名称	模块形状	模块功能
显示数据模块 Display		数值显示
输出端口模块 Out1	1	标准输出端口：生成子系统或模型的输出端口
示波器模块 Scope		示波器：显示实时信号
终止仿真模块 Stop Simulation	STOP	终止仿真

续表 3-12

模块名称	模块形状	模块功能
输出数据到文件模块 To File	untitled.mat	将数据保存为 MAT 文件
输出数据到工作空间模块 To Workspace	simout	将数据保存到 MATLAB 工作空间

其中示波器是信宿模块组中最重要的模块。示波器模块窗口如图 3-42 所示。

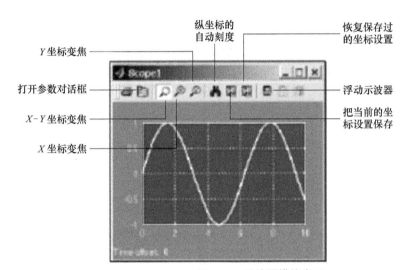

图 3-42 示波器模块窗口

① 示波器的用途。

在仿真过程中，示波器实时显示（标量或向量）信号波形。无论示波器窗口是否打开，只要仿真一启动，示波器缓冲区就接受示波器输入端传送的信号。该缓冲区可以接受多达 30 个不同的信号，它们以列的方式排列。

② 示波器窗口的工具栏。

示波器窗口的工具栏位于该窗口菜单栏下面，它由许多图标组成。如图 3-42 所示，示波器窗口工具栏常用图标及功能如下。

parameters 图标：打开示波器参数设置对话窗口。

zoom 等三个图标分别为：管理 xy 双向变焦（Zoom）、x 轴向变焦（Zoom X-axis）和 y 轴向变焦（Zoom Y-axis）。

Autoscale 图标：管理纵坐标的自动刻度，自动选取当前示波器窗口中信号的最小值和最大值为纵坐标的下限和上限。

save 图标：保存当前轴的设置。

restore 图标：恢复已保存轴的设置。

【例 3-11】 若单位负反馈系统的开环传递函数为：

$$G(s) = \frac{1}{(s+5)(s+2)(s+0.1)}$$

请利用 Simulink 分析闭环系统的阶跃响应特性，并要同时显示其输入与输出波形。

步骤如下：

（1）在 MATLAB 的命令窗口运行 Simulink，或单击工具栏中的 ▦ 图标就可以打开 Simulink Library Browser 窗口。

（2）单击工具栏上的图标 ▢ 或选择 "File" → "New" → "Model"，新建一个名为 "untitled" 的空白模型窗口。

（3）在 Simulink 库的输入模块库（Sources）中选择 "Step" 模块，在连续模块库（Continuous）中选择零-极点模型（Zero-Poly）模块，在数学模块库（Math）中选择加法器 "Sum" 模块，在输出模块库（Sink）选择示波器 "Scope"，在信号路径（Signal Routing）里选择多路复用器（Mux），并将各模块分别拖动到空白模型窗口中。

（4）单击鼠标左键，这时鼠标指针出现十字形，将它拖曳至要连接的模块，依次连接完成电路搭建，建立系统仿真模型如图 3-43 所示。

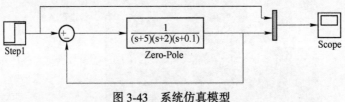

图 3-43　系统仿真模型

（5）双击各个模块，修改对应参数，单击启动仿真按钮 ▶，双击示波器可得到系统的阶跃响应如图 3-44 所示。其中虚线是输入的单位阶跃信号，实线为输出信号。

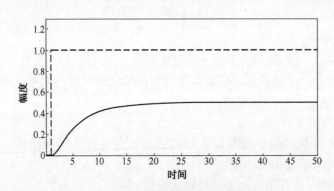

图 3-44　系统的单位阶跃输入与输出响应波形

由图 3-44 可见，控制系统尽管稳定性很好，但给定值 $r(t)$ 为 1 时，系统输出最终稳定在 0.5 的位置，因而系统稳态误差 $e_{ss} = r(t) - c(\infty) = 1 - 0.5 = 0.5$，相差较大。

【例 3-12】请设计一个控制器，使例 3-11 的单位负反馈系统余差为零，控制精度得到提高。

利用 Simulink 建模，设计 PID 控制器如图 3-45 所示。

通过仿真可得到系统响应如图 3-46 所示，从单位阶跃响应输出图形可以看出，连入 PID 控制器后系统呈衰减振荡，最终趋于稳定，且稳态误差为零，系统的动、静态特性都得到明显提高。

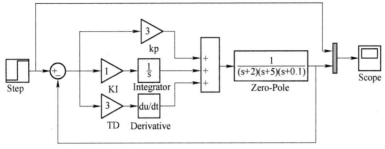

图 3-45 仿真模型

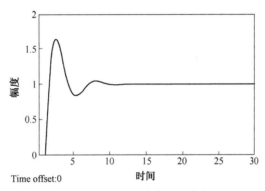

Time offset:0

图 3-46 系统的单位阶跃响应

2. 控制系统频域特性的仿真分析

$Bode(G)$ 用来绘制系统 G 的 $bode$ 图，G 为系统开环传递函数；

$Bode(A, B)$ 用来同时绘制系统 A 和系统 B 的伯德图，A、B 分别为系统开环传递函数；

$[m, p, \omega] = bode(G)$ 表示不作图，返回变量 m 为幅值向量，p 为相位向量，ω 为频率向量；

$nyquist(G)$ 为绘制系统的开环幅相曲线(极坐标图)；

$[re, im, \omega] = nyquist(G)$ 表示不绘图，返回变量 re 为系统 $G(j\omega)$ 的实部向量，im 为系统的虚部向量，ω 为系统的频率向量。

【例 3-13】 某系统的传递函数为：

$$G(s) = \frac{100(0.5s + 1)}{s(s + 1)(2s + 1)}$$

试绘制系统的极坐标图和伯德图。

解： 先将传递函数转换为伯德型，然后用 $zpk()$ 函数输入。

$$G(s) = \frac{25(s + 2)}{s(s + 1)(s + 0.5)}$$

```
>> a = zpk([-2], [0, -1, -0.5], 25)
>> nyquist(a)
```

出现极坐标图如图 3-47 所示。在图中，把鼠标指针移到曲线上单击左键，可弹出信息窗口显示该点的坐标和对应的频率值。在图中单击鼠标右键，则会显示系统特性等相关信息。

>> bode(a)

出现伯德图如图 3-48 所示。在图中单击鼠标左键，则会显示该点的幅值、相角和对应的频率。在图中单击右键，可选择是否显示栅格、系统稳定性指标等相关参数信息。

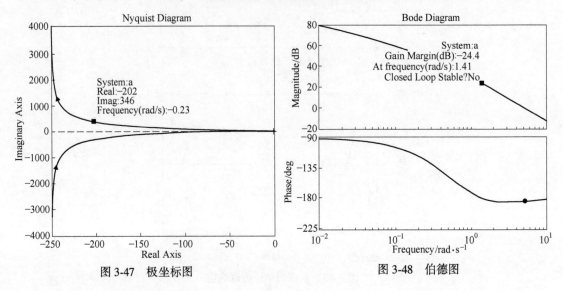

图 3-47　极坐标图　　　　　　　　　　图 3-48　伯德图

3.3　项目实施

"黑匣子特性的测量与分析"项目任务单见表 3-13。

表 3-13　"黑匣子特性的测量与分析"项目任务单

编制部门：＿＿＿＿＿＿＿　　编制人：＿＿＿＿＿＿＿　　编制日期：＿＿＿＿＿＿＿

项目编号	3	项目名称	黑匣子时域特性的测量与分析	完成工时	4
项目所含 知识技能	（1）掌握系统时域特性与频域特性的基础知识； （2）掌握系统时域特性与频域特性的分析法； （3）能测绘系统的阶跃响应特性曲线，并掌握系统时域性能参数的分析和计算方法； （4）能测绘系统的频率特性曲线，并掌握系统频率特性参数的分析和计算方法； （5）掌握常用电子仪器仪表的使用技能					
任务要求	如图，有一个黑匣子模型，内部电路系统未知，只有输入和输出端口。 （1）请查阅相关资料，从时域、频域两个不同角度分别设计方案对黑匣子模型内部电路性能进行测试，可参考项目实施内容及过程； （2）绘制测试系统性能的电路图，并选用测试所用的器材；					

续表 3-13

任务要求	（3）按设计的电路图搭建实物电路，上电调试出输出曲线，记录实验结果并读取相关实验数据； （4）根据测量的结果分析判断系统内部电路的类型，并通过计算分析，进一步建立黑匣子内部电路系统的数学模型； （5）针对计算所得的数学模型进行仿真，反过来验证该系统的时域特性和频域特性
材料	（1）教材及相关资料； （2）项目任务单； （3）自动控制实训室； （4）实验设备查询手册及操作资料
提交成果	（1）黑匣子特性的测量分析方案； （2）设备清单； （3）电路图； （4）测试记录的数据和曲线； （5）数据分析计算结果； （6）项目总结报告

项目实施内容及过程

1. 黑匣子时域特性的测量与分析

（1）电路原理图的设计。

对系统的时域特性进行分析一般采用阶跃响应分析法，即通过手动操作使系统工作在所需测试的稳态条件下，稳定运行一段时间后，快速改变系统的输入量，并用记录仪或示波器同时记录系统输入和输出的变化曲线，经过一段时间系统进入新的稳态之后所记录的曲线就是系统的阶跃响应曲线。其电路原理图如图 3-49 所示。

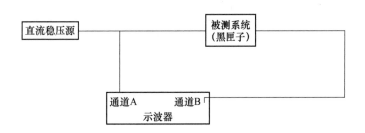

图 3-49　时域响应分析法电路原理图

（2）实验设备清单。

本项目所需的设备清单列于表 3-14 中，其中型号一栏根据实际选用自行填写。

（3）电路图搭建与测量。

1）按图 3-49 所示电路原理图连接各设备；并将被测黑匣子各系统电路的开关处于断开位置。

2）调节直流稳压源的输出电压为 3V，将 3V 的直流电压分别接到示波器的 CH1 通道，调节通道旋钮使纵坐标电压为 1V/格，横坐标时间轴为 1ms/格，观察示波器上输出的波形是否 3V，若不准确则查找原因并做出相应调整直至波形显示至最佳状态。

表 3-14 设备清单

所需设备	数量	型　　号	作　　用
数字示波器	1		
函数信号发生器	1		
数字万用表	2		
直流稳压源	5		
转接头，导线	若干		
被测系统线路黑匣子	5		

3）将直流稳压源的输出电压 3V 作为黑匣子系统 1（或 2）的 U_e 输入端信号，同时将该输入信号接到示波器的 CH1 通道，黑匣子的输出信号 U_A 接到数字存储示波器的 CH2 通道，并将触发方式置为"正常"，耦合方式为"DC"，CH2 的纵坐标设置为 1V/格，横坐标时间轴设置为 1ms/格，然后按下示波器面板上的单触发按钮，并快速将黑匣子上的转换开关从"左边"打向右边，使黑匣子内部电路接通，此时在示波器上会显示黑匣子内部系统的阶跃响应曲线。

4）按示波器右上方的"SAVE"键可以保存屏幕上显示的波形，将该曲线描绘到表 3-15 方格中或通过打印绘出阶跃响应曲线。

表 3-15 方格

5）从曲线上读出并记录数据如下：

系统稳态值 $C(\infty)$ = _____；最大值 C_{max} = _____；峰值时间 t_p = _____。

6）根据测量数据计算出被测系统的超调量、无阻尼振荡频率 ω_n 和阻尼系数 ζ，并进一步推导出系统的传递函数。

2. 黑匣子频域特性的测量与分析

频域特性分析法是给系统输入一个正弦交流电信号，则其输出也是一个同频率的正弦交流信号,只是初始相位和幅值两者有所不同。频率特性测量电路原理图如图 3-50 所示,将输入输出信号同时输入示波器,改变交流信号的频率,用示波器或频率测试仪测量不同频率下的输入输出信号电压值以及输入输出信号的相位差,并根据所测电压值进一步计算电压放大倍数,而两波形相位差 φ 计算公式如下:

$$\varphi = \frac{\Delta T}{T} \times 360° = \varphi_u - \varphi_i$$

其中,ΔT 为输入与输出信号间的时间差;T 为正弦交流信号的周期,如图 3-51 所示。

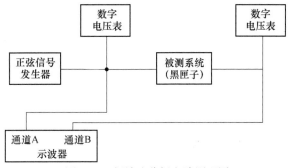

图 3-50 频域法分析电路原理图

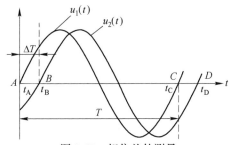

图 3-51 相位差的测量

具体实施步骤:

(1)电路连接各设备线路如图 3-50 所示,从信号发生器上调出振幅值为 4 的正弦交流电信号,频率从 10Hz 逐渐增加到 500Hz,测量并记录不同频率下输入输出电压的有效值(频率分布可以不均匀,建议在相位相差 90°即频率为 380Hz 附近多测量几个数据)、相位差 ΔT 和周期 T 于表 3-16 中。

表 3-16 黑匣子系统的频率响应实验数据

f/Hz	U_e/V	U_a/V	U_a/U_e	ΔT/ms	T/ms	φ/(°)

（2）根据所测的输入输出信号电压值计算不同频率下的电压放大倍数，根据相位差公式计算出不同频率下的相位差 φ，并将结果填入表 3-16 中。

（3）根据表格中的数据描绘出系统的频率特性曲线（备注：频率特性曲线图应该在对数坐标纸上绘制，如图 3-52 所示）。

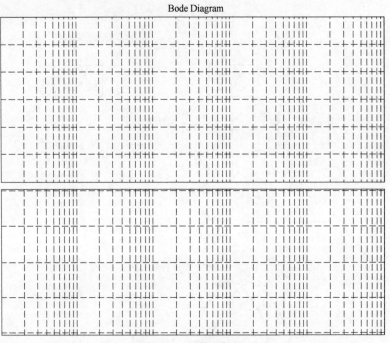

图 3-52　对数坐标纸

（4）从所绘制的频率特性曲线判断系统类型，并进一步确定系统的传递函数，并写出分析计算过程。

（5）在 MATLAB 软件中输入推导所得的系统传递函数，并仿真该系统的阶跃响应曲线和频率特性曲线，并与实验中所测绘的曲线进行对比，见表 3-17。

表 3-17　仿真曲线图

阶跃响应曲线	频率特性曲线

（6）项目小结与体会。

3.4 项目评价

根据表3-18项目验收单完成对本项目的评价。

表 3-18 "黑匣子特性的测量与分析"项目验收单

项目名称：_____ 项目成员：_____

姓名			学号		班级			
					专业			
评分内容		配分	评分标准		得分			失分原因分析
					自评	互评	教师评价	
I 前期准备	方案设计	15	方案设计合理性、电路图设计正确性					
	设备选型	10	设备选型是否正确					
II 操作技能	线路搭建设备参数的设置	20	安全操作是否规范					
			线路连接是否符合要求					
			设备参数设置是否正确					
	数据测量	15	测量方法是否正确					
			测量中读取数据是否正确					
			数据、信息记录是否正确					
III 知识运用能力	项目结果分析处理	20	数据计算、分析是否正确					
			实验结果分析、归纳是否全面					
IV 职业精神	课堂表现	10	劳动纪律、团队协作、工作责任意识等					
	按时完成	5	是否按时完成项目任务					
	结束工作	5	实验完成后是否现场5S清理					
评分因子					0.2	0.2	0.6	
总得分				评分日期				

3.5 知识拓展

系统建模的方法有机理建模法和测试建模法。机理建模法是根据过程的内在机理，写出各种有关的平衡方程式，例如物质平衡方程，能量平衡方程，动量平衡方程，相平衡方程，反映流体流动、传热、传质、化学反应等基本规律的运动方程，物性参数方程和某些设备的特性方程等，从中获得所需的数学模型。机理法建模也称为过程动态学方法，它的特点是把研究的过程视为一个透明的匣子，因此建立的模型也称为"白箱模型"。测试法建模通常只用于建立输入/输出模型，它根据对系统输入和输出信号的实测数据进行运算后得到模型，主要特点是把被研究的过程视为一个黑匣子，完全从外特性上描述它的动态性质，也称为"黑箱模型"。复杂过程一般都采用测试法建模。测试法建模又分为经典辨识法和系统辨识法两大类，其中的经典辨识法包括时域法、频域法和相关分析法。即在建模过程中将被识别系统看作"黑匣子"，用阶跃函数、正弦函数等信号作用于系统，通过阶跃响应或频率响应来获得系统的传输特性，这种方法适用范围广，在工程上获得广泛应用。

阶跃响应法建模是实际工程中常用的方法，该方法关键是获取系统的阶跃响应。基本步骤首先通过手动操作使系统工作在所需测试的稳态条件下，稳定运行一段时间后，快速改变系统的输入量，并用记录仪或数据采集系统同时记录系统输入和输出的变化曲线，经过一段时间系统进入新的稳态之后所记录的曲线就是系统的阶跃响应。同理，频域响应建模是将正弦函数作为系统输入信号，对系统进行测试，根据其输入输出数据绘制系统的频率特性曲线，最后分析曲线得到系统的动态特性，进一步建立系统的数学模型。

查一查

（1）系统的阶跃信号可以从什么设备上获得？

（2）分析系统频域特性应采用什么输入信号？可以从什么设备上获得？

3.6　项目小结

在经典控制理论中，主要采用时域分析法和频域分析法分析控制系统的性能，它们本质上是运用不同的数学工具来对系统的性能进行分析。本项目主要以黑匣子为载体，设计不同的方法对其内部电路的特性进行分析，并通过实际操作充分理解和掌握控制系统两种分析法的精髓。

在控制理论中，一般选取脉冲信号、阶跃信号、斜坡信号、抛物线信号和正弦信号作为典型的输入信号。

时域分析法是通过求解系统在典型输入信号作用下的时间响应曲线来分析系统的性能。通常用最大超调量 $\sigma\%$ 和调节时间 t_s 分别来描述系统阶跃响应的平稳性和快速性，而稳态误差则用来描述系统的稳态精度。

一阶系统的阶跃响应是一条按指数规律单调上升的曲线，时间 T 反映了其上升的速度。二阶系统是控制工程中常见的系统结构，其阶跃响应特性与阻尼比有关。许多高阶系统忽略次要因素后可降低为二阶，因此，对二阶系统的性能进行分析具有非常重要的地位。

频率特性法是在频域内应用图解法评价系统性能的一种工程方法，对于一些难以列出系统动态方程的场合，可以通过实验方法来测取频率特性。频率特性表示的是线性系统在正弦输入信号作用下，稳态输出量与输入量之比的频率关系。

常用的图解表示法是对数频率特性曲线（又称为伯德图），不但计算简单，绘图容易，而且能直观地显示系统参数变化对系统性能的影响，易于系统校正，因此在工程上得到广泛应用。

控制系统一般由若干个典型环节组成，根据典型环节的对数频率特性，可以利用叠加法或转折渐近线法方便地获得系统的开环对数频率特性。只有最小相位系统的对数幅频特性和对数相频特性之间存在唯一的对应关系，因此只需根据其对数幅频特性曲线就能确定其数学模型。

在 MATLAB 中的 Simulink 工具箱是用来进行建模、分析和仿真各种动态系统的一种交互环境，提供了图形交互的平台。通过模块库提供的各类模块，可以快速地创建动态系统的模型。

3.7 习　　题

1. 选择题

（1）设一阶系统的传递 $G(s) = \dfrac{5}{s+2}$，其阶跃响应曲线在 $t - 0$ 处的切线斜率为（　　）。

A. 5　　　　　　　B. 2　　　　　　　C. $\dfrac{5}{2}$　　　　　　　D. $\dfrac{1}{2}$

（2）一阶系统 $G(s) = \dfrac{K}{Ts+1}$ 的放大系数 K 越小，则系统的输出响应的稳态值（　　）。

A. 不变　　　　　　B. 不定　　　　　　C. 越小　　　　　　D. 越大

（3）时域分析的性能指标中，下面哪个指标不属于动态性能指标？（　　）

A. 上升时间　　　B. 峰值时间　　　C. 稳态误差　　　D. 最大超调量

（4）已知二阶系统单位阶跃响应曲线呈现衰减振荡，则其阻尼比 ζ 范围为（　　）。

A. $\zeta > 1$　　　　B. $0 < \zeta < 1$　　　　C. $\zeta = 0$　　　　D. $\zeta < 0$

（5）二阶系统的传递函数 $G(s) = \dfrac{5}{s^2 + 2s + 5}$，则该系统是（　　）。

A. 临界阻尼系统　　B. 欠阻尼系统　　C. 过阻尼系统　　D. 零阻尼系统

（6）二阶欠阻尼系统的性能指标中只与阻尼比有关的是（　　）。

A. 上升时间　　　B. 峰值时间　　　C. 调整时间　　　D. 最大超调量

（7）在用实验法求取系统的幅频特性时，一般是通过改变输入信号的（　　）来求得输出信号的幅值。

A. 相位　　　　　　B. 频率　　　　　　C. 稳定裕量　　　　D. 时间常数

（8）以下说法错误的是（　　）。

A. 频率特性是指系统或部件对不同频率的正弦输入信号的稳态响应特性。

B. 频率特性法的重要特点是能根据系统的开环频率特性来分析系统的闭环性能。

C. 频率特性法可以对基于机理模型的系统性能进行分析，还可以用实验方法测得频率特性。

D. 频域分析法仅适用于线性定常系统的分析。

（9）一阶微分环节 $G(s) = 1 + Ts$，当频率 $\omega = \dfrac{1}{T}$ 时，则相频特性 $\angle G(\mathrm{j}\omega)$ 为（　　）。

A. 45°　　　　　B. −45°　　　　　C. 90°　　　　　D. −90°

（10）设开环系统频率特性 $G(j\omega) = \dfrac{4}{1+j\omega}$，当 $\omega = 1\text{rad/s}$ 时，其频率特性幅值 $A(1) =$（　　）。

A. $\dfrac{\sqrt{2}}{4}$　　　　B. $4\sqrt{2}$　　　　C. $\sqrt{2}$　　　　D. $2\sqrt{2}$

2. 计算分析

（1）一阶系统的单位阶跃响应曲线如图 3-53 所示。

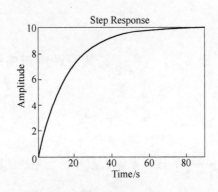

图 3-53　一阶系统开环传递函数

试用作图法确定一阶系统的时间常数 T。

（2）一个控制系统框图如图 3-54 所示，其中被调对象的传递函数为：

$$F_s = \frac{4}{s(2+s)}$$

用一个放大倍数 $K_P = 2$ 控制器进行调节，试画出输入信号为单位阶跃信号时被调量 $x(t)$ 的响应趋势图，并求其稳态的调节误差有多大？

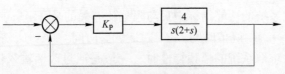

图 3-54　二阶系统结构框图

（3）一个二阶系统开环传递函数如图 3-55 所示，试求该二阶系统的结构参数：ζ，ω_n，t_p，$\sigma\%$，t_s。

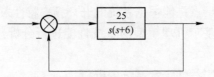

图 3-55　二阶系统开环传递函数

（4）控制系统结构图如图 3-56 所示，要求其阶跃响应性能指标超调量 σ 为 10%，峰

值时间 t_p 为 $0.7s$。试求系统参数 K 与 τ。

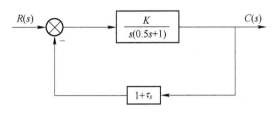

图 3-56 控制系统结构图

（5）设二阶系统的单位阶跃响应曲线如图 3-57 所示，试确定系统的传递函数。

（6）一机械臂控制系统如图 3-58 所示。

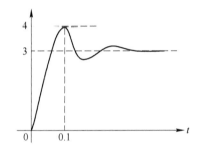

图 3-57 二阶系统的单位阶跃响应曲线

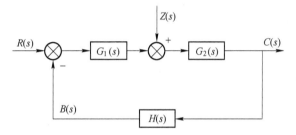

图 3-58 机械臂控制系统结构框图

其中 $G_1(s) = K = 10$，$H(s) = 1$，若已知该系统闭环传递函数为：

$$f(s) = \frac{C(s)}{R(s)} = \frac{10}{s^2 + 5s + 10}$$

1）求系统被控对象传递函数 $G_2(s)$，并说明该对象属于何种类型？

2）当系统输入一个阶跃信号为 $r(t) = 10 \cdot 1(t)$ 时，请画出被调量 $c(t)$ 响应趋势图，并求稳态误差有多大？

3）若被控对象的输入端存在一个单位脉冲干扰信号 Z，试通过计算说明该调节系统能否消除脉冲干扰信号的影响。

（7）已知一反馈控制系统的开环传递函数为：

$$G(s)H(s) = \frac{10(1 + 0.1s)}{s(1 + 0.5s)}$$

试在对数坐标纸上绘制该开环系统的伯德图。

（8）绘制下列传递函数的对数幅频渐近线。

1）$G(s) = \dfrac{2}{(2s + 1)(8s + 1)}$

2）$G(s) = \dfrac{200}{s^2(s + 1)(8s + 1)}$

3）$G(s) = \dfrac{8(s + 2)}{s(s^2 + s + 1)}$

4）$G(s) = \dfrac{10\left(\dfrac{1}{2}s + 1\right)}{s^2\left(\dfrac{1}{10}s + 1\right)}$

（9）已知最小相位系统的对数幅频特性曲线如图 3-59 所示，试写出它们的传递函数表达式。

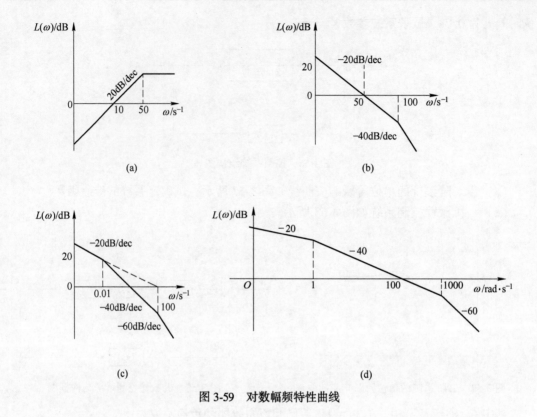

图 3-59　对数幅频特性曲线

项目 4　机床位置控制系统主要性能的分析

‡‡

知识目标

> ➢ 理解系统稳定的基本概念及稳定的充要条件；
> ➢ 掌握判别系统稳定的时域分析方法；
> ➢ 掌握判别系统稳定的频域分析方法；
> ➢ 理解相对稳定性及稳定裕量的物理意义；
> ➢ 掌握系统稳态误差的分析和计算方法；
> ➢ 理解系统时域性能指标与频域性能指标的关系。

技能目标

> ➢ 能用系统稳定性的充要条件判别系统是否稳定；
> ➢ 能用时域判据判别控制系统是否稳定；
> ➢ 能用频域判据判别控制系统是否稳定；
> ➢ 能对系统主要性能进行分析计算；
> ➢ 会用 MATLAB 软件对系统主要性能进行仿真分析。

‡‡

4.1　项目引入

4.1.1　项目描述

位置控制系统在数控机床、机器人等各种需要定位控制的自动化装置中得到广泛应用，其对应的方框图如图 4-1 所示。

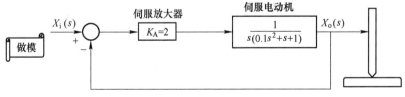

图 4-1　机床位置控制系统

请设计不同的方法判别该控制系统的稳定性，并计算分析系统的主要性能。

4.1.2　项目任务分析

工程上所使用的控制系统必须是稳定的系统，不稳定的系统是无法正常运行的。因此设计与运行系统时，稳定性是研究的首要条件，其次是稳态性能分析。稳态性能的优劣一般以稳态误差的大小来度量，误差超过一定限度会影响工程质量，因此设计系统时，除了首先要保证系统稳定运行外，其次就是要求系统的稳态误差小于规定的允许值。

本项目以机床位置控制系统为载体，通过设计不同的方法对其稳定性进行判别，并分析计算其主要性能，从而掌握分析控制系统主要性能的途径。

4.2　信 息 收 集

4.2.1　控制系统的稳定性分析

系统稳定是系统设计和运行的首要条件。系统只有稳定，分析和研究该系统的其他问题才有意义，所以稳定性是分析系统其他性能的前提。

1. 系统稳定性概念

系统的稳定性是系统在扰动作用消失后，经过一段过渡过程后能否恢复到原来的平衡状态或足够准确地恢复到原来的平衡状态的性能。若扰动消失后，系统能够逐渐恢复到原来的平衡状态，则称系统是渐近稳定的（简称为稳定），如图 4-2（a）所示的小球，为稳定系统。若干扰消失后系统不能恢复到原来的平衡状态，偏差越来越大，则系统是不稳定的，如图 4-2（b）所示的小球，为不稳定系统。

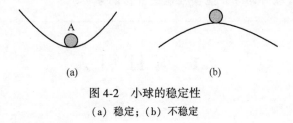

图 4-2　小球的稳定性
（a）稳定；（b）不稳定

稳定性是系统在扰动消失后，自身具有的一种恢复能力，它是系统的一种固有特性，这种特性只取决于系统本身的结构和参数，与外作用无关。

想一想

日常生活中哪些系统是属于稳定系统呢？

2. 线性系统稳定的充要条件

单输入、单输出线性系统的传递函数一般表示为：

$$\frac{Y(s)}{X(s)} = \frac{b_0 s^m + b_1 s^{m-1} + \cdots + b_{m-1}s + b_m}{a_0 s^n + a_1 s^{n-1} + \cdots + a_{n-1}s + a_n} \quad (n \geq m)$$

则线性系统的特征方程式为分母多项式等于 0 的表达式，即：

$$a_0 s^n + a_1 s^{n+1} + \cdots + a_{n-1}s + a_n = 0 \tag{4-1}$$

此方程的根称为线性系统特征根。它是由系统本身的参数和结构所决定的。

由系统的动态性能可知，对于线性系统而言，系统的稳定性与其闭环传递函数的极点在 s 平面的分布有关。若所有极点都分布在 s 平面虚轴的左半侧，则系统的动态分量逐渐衰减为零，系统是稳定的；若有共轭极点分布在 s 平面的虚轴上，则系统的动态分量为等幅振荡，属临界稳定；如果有极点分布在 s 平面虚轴的右侧，则系统具有发散的动态分量，系统是不稳定的。所以，线性系统稳定的充分必要条件是特征方程式的所有根均为负实根或其实部为负的复数根，即特征方程式的根均在复数平面的左半部分。也可以说，系统稳定的充分必要条件是系统的极点均在 s 平面的左半部分。如果特征方程在复平面的右半平面上没有根，但在虚轴上有根，则可以说该线性系统是临界稳定的，系统将出现等幅振荡。

3. 线性系统稳定性判别

控制系统的稳定的充要条件是其特征方程的根均具有负实部。因此，为了判别系统的稳定性，就要求出系统特征方程的根，并检验它们是否都具有负实部。但是，这种求解系统特征方程的方法，对低阶系统尚可以进行，而对高阶系统，将会遇到较大的困难。因此，人们希望寻求一种不需要求解特征方程就能判别系统稳定性的间接方法，常见的间接方法主要有劳斯-古尔维茨代数判据和频域分析法中的奈奎斯特稳定判据。

（1）代数稳定判据。

劳斯-古尔维茨稳定判据是劳斯和古尔维茨分别于 1877 年和 1895 年独立提出的判断系统稳定性的代数判据，均以线性系统特征方程的系数为依据进行间接判别。

1）古尔维茨稳定判据。

设线性系统微分方程的特征方程式为：

$$D(s) = a_0 s^n + a_1 s^{n-1} + \cdots + a_{n-1} s + a_n = 0 \tag{4-2}$$

式中，$a_i > 0$（$i = 0, 1, 2, \cdots$）。

古尔维茨行列式由下述方法组成：在主对角线上写出从第二项系数（a_1）到最末一项系数（a_n），在对角线以上的各行中填写号码递增的各项系数，在对角线以下的各行中填写号码递减的各项系数，如果某位置上按次序应填入的系数下标大于 a_n 或小于 a_0，则在该位置填 0。对于 n 阶微分方程式来说，其主行列式为：

$$D = \begin{vmatrix} a_1 & a_3 & a_5 & a_7 & \cdots & 0 & 0 & 0 \\ a_0 & a_2 & a_4 & a_6 & \cdots & 0 & 0 & 0 \\ 0 & a_1 & a_3 & a_5 & \cdots & 0 & 0 & 0 \\ \vdots & \vdots & \vdots & \vdots & & \vdots & \vdots & \vdots \\ 0 & 0 & 0 & 0 & \cdots & a_{n-2} & a_n & 0 \\ 0 & 0 & 0 & 0 & \cdots & a_{n-3} & a_{n-1} & 0 \\ 0 & 0 & 0 & 0 & \cdots & a_{n-4} & a_{n-2} & a_n \end{vmatrix}$$

系统稳定的充要条件：

① 系统特征方程的各项系数均为正值，即 $a_i > 0$；

② 系数的主行列式及其对角线的各子行列式 $D_k (k = 1, 2, 3, \cdots, n)$ 均大于零。

【例 4-1】 系统的特征方程为：

$$8s^3 + 17s^2 + 16s + 5 = 0$$

试判断系统的稳定性。

解：由系统的特征方程可得系统各项系数为：

$$a_0 = 8,\ a_1 = 17,\ a_2 = 16,\ a_3 = 5$$

且各子行列式为：
$$D_1 = a_1 = 17 > 0$$

$$D_2 = \begin{vmatrix} a_1 & a_3 \\ a_0 & a_2 \end{vmatrix} = \begin{vmatrix} 17 & 5 \\ 8 & 16 \end{vmatrix} = 232 > 0$$

$$D_3 = \begin{vmatrix} a_1 & a_3 & a_5 \\ a_0 & a_2 & a_4 \\ 0 & a_1 & a_3 \end{vmatrix} = \begin{vmatrix} 17 & 5 & 0 \\ 8 & 16 & 0 \\ 0 & 17 & 5 \end{vmatrix} = 1160 > 0$$

所以系统稳定。

古尔维茨稳定判据一般适用于四阶及四阶以下的系统，且可只计算奇数次或偶数次的行列式。经化简可得古尔维茨稳定判据的几种简化形式为：

当系统阶次 $n = 2$ 时，系统稳定的充要条件为：系统所有系数 $a_i > 0 (i = 0,\ 1,\ 2)$；

当系统阶次 $n = 3$ 时，系统稳定的充要条件为：

$a_i > 0$，且 $a_2 a_1 - a_0 a_3 > 0$；若 $a_2 a_1 - a_0 a_3 = 0$ 时系统为临界稳定，且临界角频率为：

$$\omega_k = \sqrt{\frac{a_3}{a_1}} = \sqrt{\frac{a_2}{a_0}}$$

当系统阶次 $n = 4$ 时，系统稳定的充要条件为：

$a_i > 0$ 且 $a_2 a_1 - a_0 a_3 > 0$ 且 $a_1 a_2 a_3 - a_1^2 a_4 - a_0 a_3^2 > 0$，三个条件必须同时满足，系统才能稳定。

【例 4-2】 若四阶系统特征方程为：

$$D(s) = 2s^4 + s^3 + 3s^2 + 5s + 10 = 0$$

试判断系统稳定性。

解：由特征方程可得系统各项系数为：

$a_0 = 2,\ a_1 = 1,\ a_2 = 3,\ a_3 = 5,\ a_4 = 10$，所以 $a_i > 0$，第一个条件满足；

而 $a_2 a_1 - a_0 a_3 = 3 \times 1 - 2 \times 5 = -7 < 0$

所以系统不稳定。

【例 4-3】 一个被调对象的传递函数为：

$$F_s = \frac{x}{y} = \frac{4 + 20s}{4 + 2s + s^2 + 2s^3}$$

（i）这个被调对象能稳定吗？

（ii）若该调节对象与一个 P 调节器（放大系数为 K_P 的放大器）构成一调节系统如图 4-3 所示，问当 K_P 为多大时，该调节系统达临界稳定？求临界角频率 ω_k 为多少？

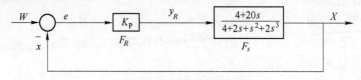

图 4-3　调节系统框图

解：(ⅰ) 该被调对象的特征方程为：

$$4 + 2s + s^2 + 2s^3 = 0$$

为三阶系统，且：

$$a_0 = 2, \ a_1 = 1, \ a_2 = 2, \ a_3 = 4$$

由古尔维茨稳定判据可得：

$$a_2 a_1 - a_0 a_3 = 2 - 4 \times 2 = -6 < 0$$

所以该被调对象不稳定。

(ⅱ) 由系统控制框图可得系统特征方程为：

$$1 + F_R F_s = 0$$

即

$$2s^3 + s^2 + (2 + 20K_P)s + 4 + 4K_P = 0$$

因而该系统各项系数为：

$$a_0 = 2, \ a_1 = 1, \ a_2 = 2 + 20K_P, \ a_3 = 4 + 4K_P$$

由古尔维茨稳定判据可得：

$$a_i > 0，则 \ a_2 = 2 + 20K_P > 0，即 \ K_P > -0.1$$

$$a_3 = 4 + 4K_P > 0，即 \ K_P > -1$$

且

$$a_2 a_1 - a_0 a_3 = 2 + 20K_P - 2(4 + 4K_P) = -6 + 12K_P = 0$$

即 $K_P = 0.5$ 时系统临界稳定，临界角频率为：

$$\omega_k = \sqrt{\frac{a_3}{a_1}} = \sqrt{\frac{4 + 4 \times 0.5}{1}} = \sqrt{6}$$

可见古尔维茨稳定判据不仅可以根据系统特征方程式的系数判别其稳定性，而且可以求解系统的临界参数，分析系统结构参数对稳定性的影响。当系统特征方程的阶数较高时，运用该判据计算工作量较大，可以采用劳斯等其他稳定代数判据。

2) 劳斯判据。

劳斯判据是根据劳斯表来进行的，若系统的特征方程为如下标准形式：

$$D(s) = a_0 s^n + a_1 s^{n-1} + \cdots + a_{n-1}s + a_n = 0 \qquad (4-3)$$

则方程 (4-3) 中各项系数组成劳斯表为：

s^n	a_0	a_2	a_4	a_6 $\cdots$
s^{n-1}	a_1	a_3	a_5	a_7 $\cdots$
s^{n-2}	b_1	b_2	b_3	b_4 $\cdots$
s^{n-3}	c_1	c_2	c_3	c_4 $\cdots$
$\vdots$	$\vdots$	$\vdots$		
s^2	e_1	e_2		
s^1	f_1			
s^0	g_1			

其中劳斯表的各系数为：

$$b_1 = \frac{-1}{a_1}\begin{vmatrix} a_0 & a_2 \\ a_1 & a_3 \end{vmatrix} \quad b_2 = \frac{-1}{a_1}\begin{vmatrix} a_0 & a_4 \\ a_1 & a_5 \end{vmatrix} \quad b_3 = \frac{-1}{a_1}\begin{vmatrix} a_0 & a_6 \\ a_1 & a_7 \end{vmatrix} \quad \cdots$$

$$c_1 = \frac{-1}{b_1}\begin{vmatrix} a_1 & a_3 \\ b_1 & b_2 \end{vmatrix} \quad c_2 = \frac{-1}{b_1}\begin{vmatrix} a_1 & a_5 \\ b_1 & b_3 \end{vmatrix} \quad c_3 = \frac{-1}{b_1}\begin{vmatrix} a_1 & a_7 \\ b_1 & b_4 \end{vmatrix} \quad \cdots$$

同理，用同样的前两行系数交叉相乘的方法，可以计算 c，d，e，f，g 各行的系数。系数的计算一直进行到除第一列系数，其余的数值全部等于零为止。

如果劳斯表中第一列的系数都具有相同的符号，则系统是稳定的，否则系统是不稳定的。且不稳定根的个数等于劳斯表中第一列系数符号改变的次数。

【例 4-4】 已知系统的特征方程为：

$$s^4 + 2s^3 + 3s^2 + 4s + 5 = 0$$

试用劳斯判据分析系统的稳定性。

解： 该系统劳斯表为：

$$
\begin{array}{lccc}
s^4 & 1 & 3 & 5 \\
s^3 & 2 & 4 & \\
s^2 & 1 & 5 & \\
s^1 & -6 & 0 & \\
s^0 & 5 & &
\end{array}
$$

由于劳斯表的第一列系数有两次变号，故系统不稳定，且有两个正实部根，即有两个根在 s 的右半平面。

劳斯稳定判据的特殊情况：

① 当劳斯表某一行的第一列系数为零，而其余项不全为零，可用一个很小的正数 ε 代替第一列的零项，然后按照通常方法计算劳斯表中的其余项。

【例 4-5】 已知系统的特征方程为：

$$s^4 + 3s^3 + 4s^2 + 12s + 16 = 0$$

试判别系统的稳定性。

解： 由特征方程列出劳斯表为：

$$
\begin{array}{lccc}
s^4 & 1 & 4 & 16 \\
s^3 & 3 & 12 & \\
s^2 & 0(\varepsilon) & 16 & \\
s^1 & \dfrac{12\varepsilon - 48}{\varepsilon} & 0 & \\
s^0 & 16 & &
\end{array}
$$

当 ε 的取值足够小时

$$\frac{12\varepsilon - 48}{\varepsilon} = 12 - \frac{48}{\varepsilon} < 0$$

故劳斯表第一列系数变号两次，由劳斯判据可知，特征方程有两个根具有正实部，系统是不稳定的。

② 劳斯表中第 k 行元素全为 0，这说明系统的特征根存在两个符号相异绝对值相同的特征根。如两个大小相等但符号相反的实根，或存在一对共轭纯虚根，或存在实部符号相同，虚部数值相反的共轭复根。在这种情况下，可做如下处理：

当劳斯表中出现全零行时，可用全零行上面一行系数构成辅助方程 $F(s)=0$，并将辅助方程对复变量 s 求导，其系数作为全零行的元素，继续完成劳斯表。

【例4-6】系统的特征方程为：

$$s^5 + 3s^4 + 3s^3 + 9s^2 - 4s - 12 = 0$$

试判别系统的稳定性。

解：由特征方程列出劳斯表为：

s^5	1	3	-4
s^4	3	9	-12
s^3	0	0	0
s^2			
s^1			
s^0			

由于出现全零行，故用 s^4 行系数构造辅助方程为：

$$3s^4 + 9s^2 - 12 = 0$$

对其求导可得：

$$12s^3 + 18s = 0$$

用求导方程的系数取代全零行相应的元，便可按劳斯表的计算规则运算下去，可得：

s^5	1	3	-4
s^4	3	9	-12
s^3	12	18	0
s^2	4.5	-12	
s^1	50	0	
s^0	-12		

由于劳斯表第一列数值有一次符号改变，故系统不稳定，且有一个正实部根。

解辅助方程：

$$3s^4 + 9s^2 - 12 = 0$$

可得：

$$s^4 + 3s^2 - 4 = (s^2 - 1)(s^2 + 4) = 0$$

解得符号相异，绝对值相同的两个实根 $s_{1,2} = \pm 1$ 和一对纯虚根 $s_{3,4} = \pm j2$，可见其中有一个正实根，表明劳斯表判断的结果正确。

由此可见，相比古尔维茨稳定判据，对于高阶系统采用劳斯稳定判据可以减少更多的计算工作量。但无论是古尔维茨还是劳斯判据，代数判据的缺陷是必须事先知道系统的闭环传递函数，而有些系统的传递函数是难以精确得到的。

（2）频率稳定判据。

1）奈奎斯特稳定判据。

奈奎斯特稳定判据是 1932 年奈奎斯特提出的另一种判别系统稳定性的方法。该方法的特点是利用系统开环频率特性判断闭环系统的稳定性，所以又称为频率判据。系统的开环频率特性曲线不仅可以根据开环传递函数绘制，在不知传递函数的情况下还可由实验测出。此外，从开环奈奎斯特曲线很容易看出系统稳定的程度，提示改善系统稳定性的方法。因此，奈奎斯特稳定判据在频域稳定性分析中有着重要的地位。

奈奎斯特稳定判据的内容为：

① 对于开环传递函数没有积分环节的系统即 0 型系统，若系统开环极点在复平面右半部的个数为 P，闭环极点个数为 Z。当 ω 从 $-\infty$ 到 $+\infty$ 时，系统的开环对数频率特性曲线 $G(j\omega)H(j\omega)$ 按逆时针包围 $(-1, j0)$ 点 N 周，则有 $Z = P - N$，闭环系统稳定的充要条件是 $Z = 0$。

由此可推出，如果开环系统是稳定的，即 $P = 0$，则闭环系统稳定的充要条件 $G(j\omega)H(j\omega)$ 是曲线当 ω 从 $-\infty$ 到 $+\infty$ 时，不包围 $(-1, j0)$ 点，图 4-4（a）所示为稳定系统，图 4-4（b）所示为不稳定系统。

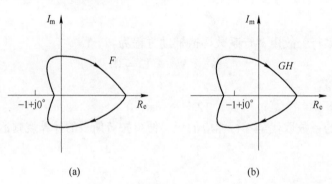

图 4-4　系统的稳定性（$P=0$）

如果开环系统不稳定，且已知有 P 个开环极点在 S 的右半平面，则闭环系统稳定的充要条件是 $G(j\omega)H(j\omega)$ 曲线 ω 从 $-\infty$ 到 $+\infty$ 时按逆时针方向围绕 $(-1, j0)$ 点旋转的圈数 $N=P$，则表示该闭环系统是稳定的。

若曲线正好通过 $(-1, j0)$ 点，则闭环系统为临界稳定。

② 对于开环传递函数有 v 个积分环节的系统，此时由于开环极点位于坐标原点，当频率 ω 从 0_+ 到 0_- 变化时，对应的 $G(j\omega)H(j\omega)$ 曲线位于无穷远处，为一条不封闭的开口曲线，如图 4-7（a）所示，此时可作一条连接 0_- 至 0_+ 端的辅助曲线，顺时针转动 $v\pi\mathrm{rad}$，再根据系统开环幅相特性曲线进行判断。

【例 4-7】系统的开环传递函数为：

$$G(s) = \frac{k}{(s + 1)(s + 0.5)(s + 2)}$$

当 $k = 5$ 和 $k = 50$ 时，试用奈奎斯特判据判别闭环系统的稳定性。

解： 当 ω 由 $-\infty \rightarrow +\infty$ 变化时，开环传递函数 $G(j\omega)H(j\omega)$ 曲线如图 4-5 所示。因为 $G(j\omega)H(j\omega)$ 的开环极点为 -0.5，-1，-2，在 S 的右半平面上没有任何极点，即 $P = 0$。

当 $k=5$ 时，其奈奎斯特曲线如图 4-5（a）所示，由图可知，由于奈奎斯特曲线不包围（-1，j0）这个点，则表示该闭环系统是稳定的。

当 $k=50$ 时，其奈奎斯特曲线如图 4-5（b）所示，由图可知，由于奈奎斯特曲线顺时针包围（-1，j0）点两圈，即 $N=-2$，因此 $P \neq N$，该闭环系统不稳定的。

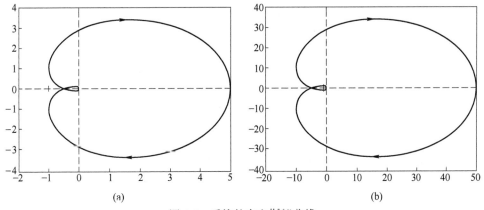

图 4-5　系统的奈奎斯特曲线

由此可以看出，开环稳定的系统闭环系统不一定就稳定，若系统参数选择不合理，也可能造成闭环系统不稳定。

【例 4-8】某单位反馈系统，开环传递函数为：

$$G(s) = \frac{2}{S-1}$$

试用奈奎斯特判据判别闭环系统的稳定性。

解： 绘出开环系统的奈奎斯特曲线如图 4-6 所示。

由开环传递函数可知，$s=1$，有一个正极点，即 $P=1$；

由奈奎斯特曲线可得，当 ω：$-\infty \rightarrow +\infty$ 时，逆时针包围（-1，j0）点一圈，即 $N=1$。因而可得 $P=N$。

所以闭环系统稳定。

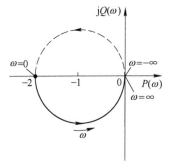

由此可见，开环稳定和闭环稳定是两个概念，不能混淆。开环不稳定的系统闭环不一定就不稳定，只要合理选择控制装置完全可以使闭环稳定。

【例 4-9】已知开环系统的奈奎斯特曲线如图 4-7（a）所示，系统右半平面开环极点个数 $P=0$，试判断闭环系统的稳定性。

图 4-6　系统的奈奎斯特曲线

解： 从开环系统的奈奎斯特曲线中可以看出，该系统包含 1 个积分环节，即 $v=1$。

补作一条 ω 从 0_- 至 0_+ 端的辅助曲线，即顺时针转动 $\pi \mathrm{rad}$，如图 4-7（b）所示，当 ω 由 $-\infty \rightarrow +\infty$ 变化时，开环系统的奈奎斯特曲线顺时针包围（-1，j0）点两圈，即 $N=-2$，因此 $Z=P-N=2$，闭环系统不稳定。

2）对数稳定判据。

利用系统奈奎斯特曲线即奈氏曲线可以很好判断闭环系统的稳定性，但在实际工程分析和设计过程中，对于高阶系统绘制其奈氏曲线有一定困难，若采用对数频率特性曲线即

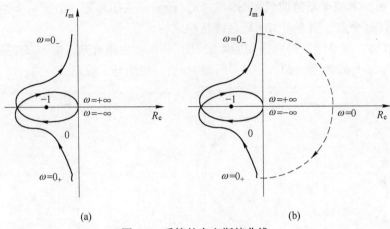

(a)　　　　　　　　　　　　(b)

图 4-7　系统的奈奎斯特曲线

伯德图则可使绘图工作大为简化。

开环系统的奈氏曲线通过临界点 （-1, j0） 左侧的负实轴称为穿越，且由下向上穿越横轴称为负穿越，由上向下穿越横轴称为正穿越。如图 4-8 （a） 所示。而正穿越意味着奈氏曲线对 （-1, j0） 逆时针包围，负穿越意味着奈氏曲线对 （-1, j0） 顺时针包围，因此从正负穿越角度，奈氏判据可描述为：若系统开环传递函数有 P 个极点在右半 s 平面，则当 ω 由 0→+∞ 变化时，开环系统的奈氏曲线正穿越与负穿越次数之差为 $P/2$ 时，则闭环系统稳定，否则闭环系统是不稳定的。

伯德图与奈氏曲线存在的对应关系如图 4-8 所示。

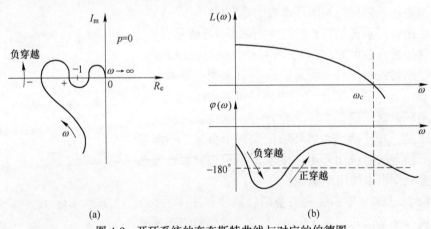

(a)　　　　　　　　　　　　(b)

图 4-8　开环系统的奈奎斯特曲线与对应的伯德图

(a) 系统奈氏曲线；(b) 系统伯德图

由图中可以看出：

① 奈氏曲线单位圆上的点对应伯德图横轴上的点，即 $A(\omega) = 1$，$L(\omega) = 0\text{dB}$。单位圆以外区域对应伯德图 0dB 线以上区域，单位圆以内区域对应伯德图 0dB 线以下区域。曲线在频率 ω_c 处穿越 0dB 线，因此又称 ω_c 为穿越频率。

② 奈氏曲线负实轴上的点对应伯德图中-180°的线。

这样，奈氏曲线上的 （-1, j0） 点就和伯德图上的 0dB 线及-180°线两者相对应。

因此在伯德图上用奈氏判据的叙述如下：

① 如果开环系统不稳定，且有 P 个极点在右半 s 平面，则闭环系统稳定的充要条件是：在对数幅频特性为正的所有频段内，对数相频特性与$-180°$相位线的正穿越和负穿越次数之差为 $P/2$。

② 若开环系统稳定，即 $P=0$，在对数幅频特性为正的所有频段内，对数相频特性对$-180°$相位线正、负穿越次数差为零，则闭环系统是稳定的，否则闭环系统是不稳定的。本判据又称为对数频率稳定性判据。例如图 4-8（b）所示系统，若开环系统稳定，即在右半 s 平面极点个数 $P=0$，则在对数幅频特性 $L(\omega) = 0\mathrm{dB}$ 频段内，对数相频特性曲线的正负穿越各一次，因此该闭环系统是稳定的。

对于开环稳定的系统，其稳定判据还可简化成：若在系统的穿越频率 ω_c 处所对应的相位角 $\varphi(\omega_c)$ 在$-180°$线上方，则闭环系统是稳定的。

4.2.2 系统相对稳定性分析

为使系统正常工作，不仅要求系统稳定，而且要求其具有足够的稳定程度。因此不仅要求系统的开环幅相频率特性不包围（-1，$j0$）点，而且应与该点有一定的距离，即有一定的稳定裕量。稳定裕量表示系统的相对稳定的程度，通常用幅值裕量和相位裕量来表示。进一步分析和工程应用表明，系统的动态性能还和系统稳定裕量的大小有密切关系。

1. 相位裕量

在开环对数频率特性上，对应于幅值 $L(\omega) = 0\mathrm{dB}$ 时所对应的角频率称为剪切频率或穿越频率，用 ω_c 表示。

相位裕量 γ 也称为相角裕度，其定义为系统开环对数频率特性在穿越频率 ω_c 处所对应的相角与$-180°$之差。即：

$$\gamma = \varphi(\omega_c) - (-180°) = 180° + \varphi(\omega_c) \tag{4-4}$$

相角裕量 γ 在伯德图中的标示如图 4-9 所示，它的物理意义是对于闭环稳定的系统，如果系统开环频率特性在穿越频率 ω_c 处所对应的相角再减少 γ 度，则系统就到达稳定的边界，即系统将不稳定。

显然 $\gamma > 0°$ 系统是稳定的，$\gamma = 0°$ 系统处于临界稳定状态；$\gamma < 0°$ 系统则是不稳定的。一般相角裕度 γ 越大，系统的相对稳定性越好。工程设计中，通常选取 γ 在 $30° \sim 60°$。

2. 幅值裕量

对数相频特性曲线 $\varphi(\omega)$ 过$-180°$时的频率为 ω_g 称为交界频率，在交界频率 ω_g 处的幅值为 A_g，则增大 K_g 倍后为边界值 1，即：

$$A_g K_g = 1$$

因此：

$$K_g = \frac{1}{A_g} \tag{4-5}$$

对式（4-5）两边取对数可得幅值裕量 L_g 为：

$$L_g = 20\lg K_g = -20\lg A_g = -20\lg A(\omega_g) \tag{4-6}$$

幅值裕量又称为增益裕量或增益裕度，它定义为当系统相角 $\varphi(\omega_g) = -180°$ 时对应的幅值 $L(\omega_g)$ 距离 0dB 线的距离，如图 4-9 所示。

因此幅值裕量表示对于闭环稳定的系统，如果系统的开环增益 A_g 再扩大 K_g 倍后系统到达稳定边界，即将不稳定。或者在伯德图中，开环对数频率特性曲线再向上移动 L_g 分贝，则闭环系统将不稳定。

显然 $L_g>0dB$ 系统是稳定的，$L_g=0dB$ 系统处于临界稳定状态；$L_g<0dB$ 系统则是不稳定的。

一般幅值裕量 L_g 越大，系统的相对稳定性越好。工程设计中，通常选取 L_g 在 6~20dB。

注意： 幅值裕量 L_g 在 0dB 线即 ω 轴下方为正，如图 4-9 所示。

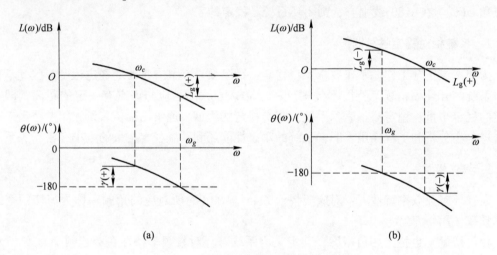

图 4-9　系统的幅值裕量 K_g 和相角裕量 γ

（a）稳定系统；（b）不稳定系统

【例 4-10】 已知一单位反馈系统的开环传递函数为：

$$G(s) = \frac{1}{s(1 + 0.2s)(1 + 0.05s)}$$

试求：系统的相位裕量和幅值裕量。

解： 基于在交界频率 ω_g 处的开环频率特性的相角为：

$$\phi(\omega_g) = -90° - \tan^{-1}0.2\omega_g - \tan^{-1}0.05\omega_g = -180°$$

可得：
$$\omega_g = 10$$

在 ω_g 处的开环对数幅值为：

$$20\lg A(\omega_g) = 20\lg1 - 20\lg10 - 20\lg\sqrt{1 + \left(\frac{10}{5}\right)^2} - 20\lg\sqrt{1 + \left(\frac{10}{20}\right)^2}$$

$$= -20\lg10 - 20\lg2.236 - 20\lg1.118 \approx -28dB$$

则系统的幅值裕量为：

$$L_g = -20\lg A(\omega_g) = 28dB$$

根据系统开环系统传递函数，可知系统的穿越频率 $\omega_c = 1$，从而：

$$\varphi(\omega_c) = -90° - \tan^{-1}0.2 - \tan^{-1}0.05 = -104.17°$$

则系统的相角裕量为：

$$\gamma = 180° + \varphi(\omega_c) \approx 76°$$

对于高阶系统，一般难以准确计算穿越频率 ω_c。在工程分析和设计时，只要求粗略估计系统的相角裕量，故一般可根据对数幅频渐进特性曲线确定穿越频率 ω_c，再由相频特性曲线确定系统的相角裕量。

【例 4-11】 单位反馈系统的开环传递函数为：

$$G(s) = \frac{K}{s(s+1)(0.1s+1)}$$

试分别确定系统开环增益 $K=5$ 和 $K=15$ 时的相位裕度和幅值裕度。

解： 首先做出 $K=5$ 和 $K=15$ 时的对数幅频渐进特性和对数相频渐进特性曲线，如图 4-10 所示，它们具有相同的相频特性，但幅频特性不同。

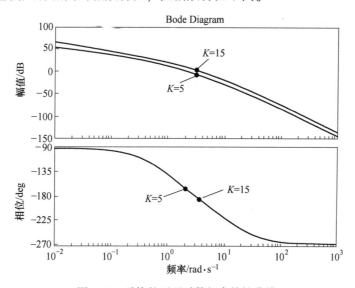

图 4-10　系统的开环对数频率特性曲线

由图 4-10 可得，当 $K=5$ 时，$\omega_c=2.1$，$\gamma_1 \approx 13.6°$，$L_g \approx 6.85\text{dB}$，闭环系统稳定；而当 $K=15$ 时，$\omega_c=3.69$，$\gamma_2 \approx -5.05°$，$L_g \approx -2.69\text{dB}$，闭环系统不稳定。

从以上结果可看出，增大系统开环增益 K，会减小系统的相位裕量，降低系统的相对稳定性，甚至造成不稳定。

在工程计算时，尤其对于最小相位系统，一般只要求计算相位裕量，只有对要求较高的自动控制系统，才要求同时计算相位裕量和幅值裕量。

4.2.3　系统稳态性能的分析

系统的稳态性能反映系统跟踪控制信号的准确度或抑制扰动信号的能力，这种能力一般用稳态误差来描述。在系统的分析、设计中，稳态误差是一项重要的技术指标，它与系统本身的结构、参数及外作用的形成有关，也与元器件的不灵敏、零点漂移、老化及各种传动机械的间隙、摩擦等因素有关。设计系统时，除了要保证系统稳定运行，还要求系统的稳态误差小于规定的允许值。

1. 系统稳态误差的概念

系统的误差定义为希望值与实际值之差，一般用 $e(t)$ 来表示。理论上，系统误差定义有两种形式：一种是从系统输出端定义误差，表示系统输出量期望值与实际值之间的误差，但该误差在实际系统中无法实测，因而一般只有数学意义。另一种从系统输入端定义，用系统给定输入与主反馈量的差值来表示，该误差也称为偏差，在实际系统中可以测量所得，因而它在工程上具有实用性，现以图 4-11 所示典型系统框图来说明此系统误差的含义。

在图 4-11 所示控制系统框图中，$G_1(s)$、$G_2(s)$ 代表系统各环节传递函数，$R(s)$ 为参考输入信号，$C(s)$ 为输出信号，$N(s)$ 表示干扰信号。

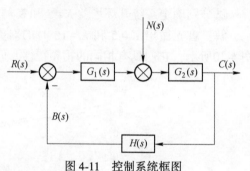

图 4-11　控制系统框图

根据系统误差定义，可得：

$$e(t) = r(t) - B(t)$$

其对应的拉氏变换式为：

$$E(s) = R(s) - B(s) \qquad (4-7)$$

系统误差 $E(s)$ 通常也称为系统的误差响应，它反映了系统在跟踪输入信号 $R(s)$ 和抑制扰动信号 $N(s)$ 整个过程中的精度。输入信号 $R(s)$ 引起的误差称为跟随误差 $E_r(s)$，扰动信号 $N(s)$ 引起的误差称为扰动误差 $E_n(s)$。对于线性系统，系统的总误差为跟随误差和扰动误差的代数和，即：

$$E(s) = E_r(s) + E_n(s)$$

由图 4-11 控制系统框图可得：

$$\frac{E_r(s)}{R(s)} = \frac{1}{1 + G_1(s)G_2(s)H(s)} \qquad (4-8)$$

因而，系统的给定误差为：

$$E_r(s) = \frac{1}{1 + G_1(s)G_2(s)H(s)}R(s) \qquad (4-9)$$

同理可得系统的扰动误差为：

$$E_n(s) = \frac{G_2(s)H(s)}{1 + G_1(s)G_2(s)H(s)}N(s) \qquad (4-10)$$

分别对 $E_r(s)$、$E_n(s)$ 求反拉氏变换可得系统跟随动态误差 $e_r(t)$ 和扰动动态误差 $e_n(t)$，两者之和即为系统误差：

$$e(t) = e_r(t) + e_n(t) \qquad (4-11)$$

可见系统误差 $e(t)$ 为时间的函数，是动态误差，它是跟随动态误差 $e_r(t)$ 和扰动动态误差 $e_n(t)$ 的代数和。

对于稳定的系统，当时间 t 趋于无穷大时，误差 $e(t)$ 的终值称为系统的稳态误差，以 e_{ss} 表示，即：

$$e_{ss} = \lim_{t \to \infty} e(t)$$

由拉氏变换的终值定理可得:

$$e_{ss} = \lim_{t \to \infty} e(t) = \lim_{s \to 0} sE(s) \tag{4-12}$$

由式 (4-12) 可得系统的跟随稳态误差和扰动稳态误差分别为:

$$e_{ssr} = \lim_{s \to 0} sE_r(s) = \lim_{s \to 0} s \frac{1}{1 + G_1(s)G_2(s)H(s)} R(s) \tag{4-13}$$

$$e_{ssn} = \lim_{s \to 0} sE_n(s) = \lim_{s \to 0} s \frac{G_2(s)H(s)}{1 + G_1(s)G_2(s)H(s)} R(s) \tag{4-14}$$

控制系统稳态误差为:

$$e_{ss} = e_{ssr} + e_{ssn} \tag{4-15}$$

由此可见系统的稳态误差不仅与系统的结构、参数有关,而且和输入信号的大小、形式和作用点有关。

2. 控制系统的型别

控制系统的稳态误差与系统的结构和作用量的形式密切相关,对于一个给定的系统,当给定输入的形式确定后,系统的稳态误差将取决于以开环传递函数描述的系统结构。

设系统的开环的传递函数为:

$$G_o(s) = \frac{K(1 + \tau_1 s)(1 + \tau_2 s) \cdots (1 + \tau_m s)}{s^v(1 + T_1 s)(1 + T_2 s) \cdots (1 + T_{n-v} s)} = \frac{K \prod_{j=1}^{m} (\tau_j s + 1)}{s^v \prod_{i=1}^{n-v} (T_i s + 1)} \tag{4-16}$$

式中,K 称为系统的开环放大环节或开环增益;v 表示开环传递函数所含积分环节的个数。

从上式可看出,当 $s \to 0$ 时,除系统放大倍数 K 和积分环节 s^v 外,其余各项均趋于 1,因此系统的稳态误差主要取决于系统中的 K 和积分环节的个数 v。工程上系统分类是以开环传递函数中串联的积分环节数目 v 为依据的,当 $v = 0,1,2,\cdots$ 时,分别称为 0 型系统、Ⅰ 型系统、Ⅱ 型系统,依次类推。因为 v 的大小放映了系统跟踪参考输入信号的能力。一般来说,控制系统的最高型别不超过 Ⅱ 型,因为 Ⅱ 型以上的系统不易稳定,也很少采用。

3. 典型输入信号作用下的稳态误差

如果不计扰动输入的影响,由图 4-11 所示控制系统的结构图可得系统的跟随稳态误差为:

$$e_{ss} = \lim_{s \to 0} sE_r(s) = \lim_{s \to 0} s \frac{1}{1 + G_1(s)G_2(s)H(s)} R(S) = \lim_{s \to 0} s \frac{1}{1 + G_o(s)} R(s) \tag{4-17}$$

式中,$G_o(s) = G_1(s)G_2(s)H(s)$ 为系统的开环传递函数。

下面分析系统在不同典型输入信号作用下的稳态误差。

(1) 输入单位阶跃信号时的稳态误差。

对于单位阶跃输入,$R(s) = 1/s$。求得系统的稳态误差为:

$$e_{ss} = \lim_{s \to 0} s \cdot \frac{1}{1 + G_o(s)} \cdot \frac{1}{s} = \lim_{s \to 0} \frac{1}{1 + G_o(s)}$$

令:
$$K_P = \lim_{s \to 0} G_o(s) = \lim_{s \to 0} \frac{K}{s^V} \qquad (4-18)$$

称 K_P 为系统的位置误差系数,则有:
$$e_{ss} = \frac{1}{1 + K_P} \qquad (4-19)$$

对于 0 型系统,$v = 0$,$K_P = K$,$e_{ss} = \dfrac{1}{1 + K}$。

对于 I 型以上系统,$v = 1$,2,$\cdots$,$K_P = \infty$,$e_{ss} = 0$。

由此可以得出,在单位阶跃信号作用下,I 型以上系统的稳态误差都为零。

(2)输入单位斜坡信号时的稳态误差。

由于单位斜坡输入信号 $R(s) = \dfrac{1}{s^2}$,此时系统的稳态误差为:
$$e_{ssr} = \lim_{s \to 0} \frac{s}{1 + G_o(s)} \cdot \frac{1}{s^2} = \frac{1}{\lim\limits_{s \to 0} s G_o(s)}$$

令:
$$K_v = \lim_{s \to 0} s G_o(s) \qquad (4-20)$$

称 K_v 为速度误差系数,则有:
$$e_{ss} = \frac{1}{K_v} \qquad (4-21)$$

对于 0 型系统,$v = 0$,$K_v = 0$,$e_{ss} = \infty$。

对于 I 型系统,$v = 1$,$K_v = K$,$e_{ss} = \dfrac{1}{K}$。

对于 II 型以上系统,$v = 2$,3,$\cdots$,$K_v = \infty$,$e_{ss} = 0$。

因此可以看出,在单位斜坡信号作用下,0 型系统稳态误差为无穷大,I 型系统以一定的误差跟随斜坡信号的变化,II 型以上的系统其稳态误差为零。

(3)输入单位抛物线信号时的稳态误差。

由于单位抛物线输入信号 $R(s) = \dfrac{1}{s^3}$,此时系统的稳态误差为:
$$e_{ss} = \lim_{s \to 0} \frac{s}{1 + G_o(s)} \cdot \frac{1}{s^3} = \frac{1}{\lim\limits_{s \to 0} s^2 G_o(s)}$$

令:
$$K_a = \lim_{s \to 0} s^2 G_o(s) \qquad (4-22)$$

称 K_a 为加速度误差系数,则有:
$$e_{ss} = \frac{1}{K_a} \qquad (4-23)$$

对于 0 型或 I 型系统,$v = 0$ 或 1,$K_a = 0$,$e_{ss} = \infty$;

对于 II 型系统,$v = 2$,$K_a = K$,$e_{ss} = \dfrac{1}{K}$。

可见,对于抛物线信号输入时,0 型或 I 型系统都无法正常工作,其稳态误差趋于无穷大。结合系统型别,单位反馈系统的跟随稳态误差与输入信号、系统型别之间的关系见表 4-1。

表 4-1 单位反馈系统跟随稳态误差与输入信号、系统型别之间的关系

系统类型	误差系数			典型输入作用下的稳态误差		
				位置阶跃 A	速度阶跃 At	加速度阶跃 $At^2/2$
	K_P	K_v	K_a	$e_\mathrm{ss} = \dfrac{A}{1+K_\mathrm{P}}$	$e_\mathrm{ss} = \dfrac{A}{K_\mathrm{v}}$	$e_\mathrm{ss} = \dfrac{A}{K_\mathrm{a}}$
0 型	K	0	0	$\dfrac{A}{1+K}$	∞	∞
I 型	∞	K	0	0	$\dfrac{A}{K}$	∞
II 型	∞	∞	K	0	0	$\dfrac{A}{K}$

要注意的是，计算稳态误差时，系统必须是稳定的，否则对于不稳定系统，计算系统的稳态误差没有意义。

【**例 4-12**】设控制系统如图 4-12 所示。

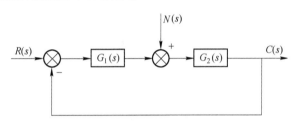

图 4-12 控制系统框图

其中：

$$G_1(s) = \frac{K_1}{1+T_1 s} \qquad G_2(s) = \frac{K_2}{s(1+T_2 s)}$$

给定输入 $r(t) = R_\mathrm{r} \cdot 1(t)$，扰动输入 $n(t) = R_\mathrm{n} \cdot 1(t)$（$R_\mathrm{r}$ 和 R_n 均为常数），试求系统的稳态误差。

解：当系统同时受到给定输入和扰动输入的作用时，其稳定误差为给定稳态误差和扰动稳态误差的叠加。

令 $n(t) = 0$ 时，求得给定输入作用下的误差传递函数为：

$$G_\mathrm{r}(s) = \frac{E_\mathrm{ssr}(s)}{R(s)} = \frac{1}{1+G_1(s)G_2(s)}$$

所以给定稳态误差为：

$$e_\mathrm{ssr} = \lim_{s \to 0} \frac{s \cdot R(s)}{1+G_1(s)G_2(s)} = \lim_{s \to 0} \frac{s^2(1+T_1 s)(1+T_2 s)}{s(1+T_1 s)(1+T_2 s)+K_1 K_2} \cdot \frac{R_\mathrm{r}}{s} = 0$$

令 $r(t) = 0$ 时，求得扰动输入作用下的误差传递函数为：

$$\phi_N(s) = -\frac{G_2(s)}{1+G_1(s)G_2(s)}$$

所以扰动稳态误差为：

$$e_{ssn} = \lim_{s \to 0} - \frac{sG_2(s) \cdot N(s)}{1 + G_1(s)G_2(s)} = \lim_{s \to 0} - \frac{s \cdot K_2(1 + T_1 s)}{s(1 + T_1 s)(1 + T_2 s) + K_1 K_2} \cdot \frac{R_n}{s} = - \frac{R_n}{K_1}$$

该系统总的稳态误差为：

$$e_{ss} = e_{ssr} + e_{ssn} = - \frac{R_n}{K_1}$$

由上题结果可以看出，$r(t)$ 和 $n(t)$ 同是阶跃信号，由于在系统中的作用点不同，故它们产生的稳态误差也不相同。而提高系统前向通道中扰动信号作用点之前的环节的放大系数 K_1，可以减小系统的扰动稳态误差。

4. 减小系统稳态误差的措施

通过上面的分析和计算，可以得出以下几种减小系统稳态误差的方法：

(1) 提高系统中各环节的精度和稳定性。

(2) 增加开环系统增益即放大倍数，尤其提高系统前向通道中扰动信号作用点之前环节的放大系数，可以降低扰动引起的稳态误差。

(3) 增加系统前向通道中积分环节的个数即提高系统型别，可以减少或消除不同输入信号产生的稳态误差。

(4) 采用复合控制或前馈控制来减小系统的稳态误差。

想一想

为减少系统的稳态误差，系统的开环放大系数能无限增大吗？为什么？

做一做

不同参数下系统稳定性的测量

若单位负反馈系统的开环传递函数为：

$$C(s) = \frac{K}{s^v(s + 1)(s + 2)(s + 3)}$$

(1) 设 $v = 0$，K 分别改为 1、5、10 时绘制系统的伯德图和开环幅相图，记录稳定裕度参数于表 4-2 中，并总结闭环系统稳定性的变化趋势，见表 4-2。

表 4-2　不同 K 值下系统稳定性的测量（$v = 0$）

放大倍数 K	稳定裕度值	结　论

(2) 设 $K = 1$，v 分别改为 0、1、2 时绘制系统的伯德图和开环幅相图，记录稳定裕度参数于表 4-3 中，并总结闭环系统稳定性的变化趋势。

表 4-3　不同系统型别 λ 值下系统稳定性的测量（$K = 1$）

系统型别 v	稳定裕度值	结　论

小结

要提高系统的稳定性，可以_____系统的型别，即_____开环传递函数中的串联积分环节的数目或_____系统的开环放大系数。

5. 根据开环频率特性分析系统的稳态性能

根据系统频率特性也可以分析系统的稳态性能，一般是根据开环对数幅频特性的低频段来分析系统的稳态误差。开环对数幅频特性的低频段是指对数幅频特性的渐进线在第一个转折频率以前的区段。这一频段形状完全由系统开环传递函数中所含积分环节的个数 v 和开环增益 K 决定的。

设系统低频段对应的开环传递函数为：

$$G(s) = \frac{K}{s^v}$$

其对应的对数幅频特性为：

$$L(\omega) = 20\lg \mid G(j\omega) \mid = 20\lg \frac{K}{\omega^v} = 20\lg K - 20v\lg\omega \tag{4-24}$$

由上式可得低频段开环对数幅频特性如图 4-13 所示，这些直线的斜率为 $-20v\mathrm{dB/dec}$，特性曲线与 0dB 的交点处为：

$$L(\omega) = 20\lg K - 20v\lg\omega = 0$$

$$\omega = \sqrt[v]{K} \tag{4-25}$$

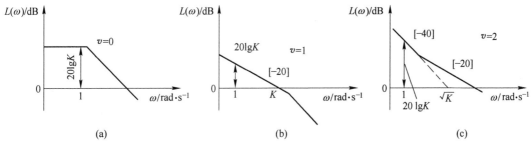

图 4-13　开环对数幅频特性

由此可得，在图 4-13（a）中，开环对数幅频特性低频段成一水平线，其斜率为 0dB/dec，则积分环节个数 $v = 0$，属 0 型系统；且放大倍数 K 可以由 $\omega = 1$ 时，$L(\omega) = 20\lg K$ 来确定。

在图 4-13（b）中，开环对数幅频特性低频段的斜率为 $-20\mathrm{dB/dec}$，则积分环节个数 $v = 1$，属 I 型系统；且低频段 $L(\omega)$ 或其延长线和 0dB 线的交点频率 $\omega = K$。

在图 4-13（c）中，开环对数幅频特性低频段的斜率为 $-40\mathrm{dB/dec}$，则积分环节个数 $v = 2$，属 II 型系统，且低频段 $L(\omega)$ 或其延长线和 0dB 线的交点频率 $\omega = \sqrt{K}$。

从以上分析可以看出，开环对数幅频特性低频段曲线的斜率越陡，对应系统积分环节的个数越多；低频段曲线位置越高，对应开环放大倍数越大，因此在系统稳定的前提下，闭环系统稳态误差越小，稳态精度越高。在实际控制系统中，一般希望开环对数频率特性在低频段应有 $-20\mathrm{dB/dec}$ 或 $-40\mathrm{dB/dec}$ 的斜率。

【例4-13】 已知系统开环对数幅频特性如图4-14所示，求系统在输入信号为 $r(t) = \frac{1}{2}t^2$ 作用下的稳态误差。

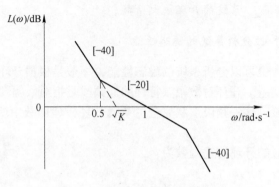

图4-14　系统开环对数幅频特性

解： 因为系统开环对数幅频特性低频段的斜率为-40dB/dec，则积分环节个数 $v = 2$，系统为Ⅱ型系统。

由几何形状，根据斜率可知开环增益 K 满足如下方程：

$$40(\lg\sqrt{K} - \lg 0.5) = 20(\lg 1 - \lg 0.5)$$

求得：　　　　　　　　　　　　$K = 0.5$

输入信号为加速度信号，幅值 $A = 1$，因此稳态误差为：

$$e_{ss} = \frac{A}{K} = \frac{1}{0.5} = 2$$

4.2.4　系统动态性能的分析

对于一个已满足稳态性能要求的稳定系统，通常对其动态性能也会提出相应的要求。如当系统的输入信号发生变化，或系统受到干扰信号影响时，其输出是否偏离太大，系统恢复到平衡状态的调节速度是否足够快等。在时域分析法中，确定了评价系统性能好坏的动态性能指标主要是系统在阶跃信号作用下的调节时间 t_s、峰值时间 t_p、上升时间 t_r 和超调量 σ 等，其中使用最多的是调节时间 t_s 和超调量 σ。且对于典型的一、二阶系统，其动态性能和结构参数之间都具有确定的函数关系。同样，在频域分析法中，借助系统的频率特性也能对系统动态性能进行分析。

1. 系统的动态性能与开环频率特性中频段存在确定的对应关系

中频段是指开环对数幅频特性 $L(\omega)$ 在剪切频率 ω_c 附近的区域。反映系统动态响应的频域指标 ω_c 和相位裕量 γ 都处于这一频段，因此由开环系统中频段特性可分析系统的动态性能。

（1）若中频段的斜率为-20dB/dec，而且有较宽的频率区域，因而低频段和高频段斜率对 ω_c 附近相频特性的影响可忽略，如图4-15（a）所示，其对应的开环传递函数可近似为：

$$G(s) \approx \frac{K}{s} = \frac{\omega_c}{s}$$

对于最小相位系统，若开环对数幅频特性的斜率为 -20vdB/dec，则对应的相位为 $-90°\text{v}$。因此系统的相位裕量为 $\gamma = 180° + \varphi(\omega_c)$ 有较大正值，闭环系统稳定。

若系统为单位负反馈系统，则闭环传递函数为：

$$\Phi(s) = \frac{G(s)}{1 + G(s)} = \frac{\omega_c/s}{1 + \omega_c/s} = \frac{1}{1 + s/\omega_c} = \frac{1}{Ts + 1}$$

其中 $T = 1/\omega_c$ 为时间常数。

可见，这时的系统相当于一阶系统，单位阶跃输入下系统输出无振荡，超调量为零，系统稳定性好，而且剪切频率 ω_c 越大，时间常数 T 越小，系统的快速性越好。

（2）若中频段的斜率为 -40dB/dec，而且有较宽的频率区域，如图 4-15（b）所示，其对应的开环传递函数可近似为：

$$G(s) \approx \frac{K}{s^2} = \frac{\omega_c^2}{s^2}$$

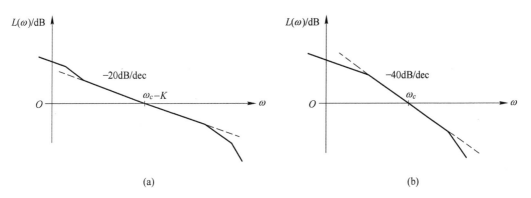

(a)   (b)

图 4-15   开环系统中频段对数幅频特性

若系统为单位负反馈系统，则闭环传递函数为：

$$\Phi(s) = \frac{G(s)}{1 + G(s)} = \frac{\omega_c^2/s^2}{1 + \omega_c^2/s^2} = \frac{\omega_c^2}{s^2 + \omega_c^2}$$

可见相当于阻尼系数 $\zeta = 0$ 的二阶系统，系统的阶跃响应呈等幅振荡。此时系统的相位裕量 $\gamma = 180° + \varphi(\omega_c) = 180° + (-90° \times 2) = 0$，处于临界稳定状态。

（3）若中频段的斜率为 -60dB/dec，相位裕量将变为负值，闭环系统会不稳定。

由以上分析可得，要使系统获得较好的动态性能，系统开环对数频率特性的中频段应以 -20dB/dec 的斜率穿越 0dB 线，且具有一定的频带宽度。提高系统的穿越频率 ω_c，则可以降低系统的调整时间，使系统的快速性提高。

2. 高频段决定了系统的抗干扰能力

高频段是指开环对数频率特性中在 $\omega > 10\omega_c$ 之后的区域。高频段特性是由系统中时间常数较小的环节决定的，而且随着开环对数幅频特性 $L(\omega)$ 的下降，其分贝值很低，所以对系统的动态影响较小。

系统开环对数频率特性在高频段的幅值，直接反映了系统对输入端高频干扰信号的抑制能力，系统高频段的斜率越大，即高频段分贝值越低，表明对高频信号衰减能力增强，系统抗干扰能力越强。

综上所述，系统开环对数频率特性的中频区反映了系统的相对稳定性，高频区反映了系统的抗干扰能力。根据系统动态性能和抗高频干扰的要求，开环系统的对数幅频特性曲线应满足以下几点：

（1）中频段以 −20dB/dec 斜率穿越 0dB 线，且系统要有较宽的中频带，此时系统的平稳性好。

（2）要提高系统的快速性，应增加穿越频率 ω_c。

（3）高频段要求系统有较大的斜率，其分贝数要小，以提高系统抗高频干扰的能力。

一般来说，系统各频段的划分并没有严格的确定准则，但是三频段的概念，为直接运用开环频率特性判断稳定的闭环系统的动态性能指出了原则和方向。且系统的开环对数频率特性指标与时域的动态指标存在对应的数量关系，可以用以下两个关系式表示：

$$\gamma = \arctan = \frac{2\zeta}{\sqrt{\sqrt{4\zeta^4 + 1} - 2\zeta^2}} \tag{4-26}$$

$$\omega_c = \omega_n \sqrt{\sqrt{4\zeta^4 + 1} + 2\zeta^2} \tag{4-27}$$

从以上两式可看出，开环对数频率特性的相角裕量 γ 和穿越频率 ω_c 与系统的阻尼系数 ζ 和振荡角频率 ω_n 有关，而由 ζ 和 ω_n 即可确定系统的超调量 σ 和调节时间 t_s。

2. 闭环频率特性与时域性能的关系

根据系统开环频率特性来分析系统的性能是控制系统分析和设计的一种主要方法，它的特点是简便实用。但在实际工程中，有时也需要对闭环频率特性有所了解，并据此来分析系统的性能。

对于二阶系统，它的闭环传递函数为：

$$G(s) = \frac{\omega_n^2}{s^2 + 2\zeta\omega_n s + \omega_n^2}$$

其闭环频率特性为：

$$G(j\omega) = \frac{\omega_n^2}{(j\omega)^2 + 2\zeta\omega_n(j\omega) + \omega_n^2} = A(\omega) \angle \theta(\omega)$$

其中闭环幅频特性为：

$$M(\omega) = |G(j\omega)| = \omega_n^2 \Big/ \sqrt{(\omega_n^2 - \omega^2)^2 + (2\zeta\omega_n\omega)^2}$$

闭环幅频特性为：

$$\theta(\omega) = -\arctan\frac{2\zeta\omega_n}{\omega_n^2 - \omega^2}$$

由此可得闭环幅频特性曲线如图 4-16 所示。为了描述该曲线的特点，表征闭环系统的性能，常采用下列频域指标。

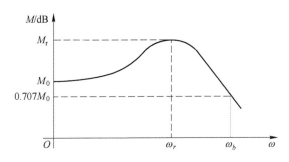

图 4-16　闭环系统性能指标

（1）零频幅值 M_0。当 $\omega = 0$ 时的闭环幅值，它反映了系统的稳态性能。当 $M_0 = 1$ 时说明系统在阶跃信号作用下没有静差，即稳态误差为零。

（2）谐振频率 ω_r：闭环幅频特性曲线在频率 ω_r 处可能出现一个峰值，这种现象称为谐振，谐振峰值时的频率 ω_r 就称为谐振频率。根据其定义，

令：
$$\frac{\mathrm{d}M(\omega)}{\mathrm{d}\omega} = 0$$

可得谐振频率为：
$$\omega_r = \omega_n \sqrt{1 - 2\zeta^2} \tag{4-28}$$

它反映了系统的动态性能，阻尼系数 ζ 一定时，ω_r 越大，系统响应速度越快。

（3）谐振峰值 M_r：曲线出现的最大峰值。将 ω_r 代入 $M(\omega)$ 可得谐振峰值为：
$$M_r = \frac{1}{2\zeta\sqrt{1 - \zeta^2}} \quad (0 \leqslant \zeta \leqslant 0.707) \tag{4-29}$$

可以看出，M_r 与系统阻尼系数 ζ 有关，反映了系统的振荡特性。且谐振峰值越小，阻尼系数 ζ 越大，系统平稳性越好。

（4）频带宽度 ω_b：当 ω 增加时，闭环频率特性幅值 $M(\omega)$ 下降到 $0.707 M_0$ 时所对应的频率称为截止频率，记作 ω_b。频率范围 $0 \leqslant \omega \leqslant \omega_b$ 称为系统的频带宽度，简称带宽。

因此由 $M(\omega_b) = 0.707 M_0$，可求得截止频率 ω_b 为：
$$\omega_b = \omega_n \sqrt{(1 - 2\zeta^2) + \sqrt{2 - 4\zeta^2 + 4\zeta^4}} \tag{4-30}$$

由上式可得，在阻尼系数 ζ 一定的情况下，ω_b 越大，则 ω_n 越大，因此带宽也反映了系统的快速性。它表示系统复现输入信号的能力，且带宽 ω_b 越大，系统对高频信号的衰减越小，跟踪快变信号的能强，即系统响应速度越快。

当 $\omega > \omega_b$ 后闭环幅频特性曲线以较大的斜率衰减至零，ω_b 处的斜率反映了系统抗干扰能力。

可见，系统在频域和时域中各种性能指标之间存在互算关系，这也正是频率特性法能够在实际工程中得到广泛应用的原因。

4.3　项目实施

"机床位置控制系统主要性能的仿真分析"项目任务单见表4-4。

表 4-4　"机床位置控制系统主要性能的仿真分析" 项目任务单

编制部门：_____　　编制人：_____　　编制日期：_____

项目编号	4	项目名称	机床位置控制系统主要性能的仿真分析	完成工时	4
项目所含 知识技能			(1) 理解系统稳定性的基本概念； (2) 掌握系统稳定性不同的判别依据和判别方法； (3) 掌握系统相对稳定性的分析和相关参数的计算方法； (4) 掌握系统稳态误差的计算方法； (5) 理解系统时域与频域各性能指标的关系； (6) 会利用 MATLAB 软件对系统主要性能进行仿真分析		
任务要求			针对图 4-1 所示的机床位置控制系统（也可选择其他系统）： (1) 分小组讨论判断机床位置控制系统是否稳定的多种方案； (2) 根据系统稳定的充要条件，利用仿真语句计算特征根或绘制特征根分布图，判断机床位置控制系统的稳定性； (3) 运用古尔维茨稳定判据判断机床位置控制系统稳定性； (4) 绘制开环系统极坐标图，运用奈奎斯特稳定判据判断机床位置控制系统的稳定性； (5) 绘制伯德图，记录系统幅值裕量和相位裕量，判断系统的稳定程度； (6) 根据系统的输入信号，计算并仿真系统的给定稳态误差； (7) 在 Simulink 中构建系统回路，对系统主要性能进行仿真验证； (8) 分析、归纳仿真结果并完成项目总结报告		
材料			(1) 教材及其相关资料； (2) 项目任务单； (3) 多媒体教学设备； (4) 计算机仿真实验室		
提交成果			(1) 机床位置控制系统主要性能分析方案； (2) 仿真电路或仿真程序； (3) 仿真结果； (4) 项目总结分析报告		

项目实施内容及过程

（1）判断线性控制系统是否稳定的重要条件是_____。

（2）根据图 4-1 所示机床位置控制系统，推导其闭环传递函数，并写出推导过程。

（3）写出机床位置控制系统的特征方程式：_____。

（4）在 MATLAB 中编写语句，求取机床位置控制系统特征方程式的所有特征根，并判断该系统是否稳定，见表 4-5。

表 4-5　项目实施 4

仿真语句	机床位置控制系统的特征根

结论：

（5）在 MATLAB 中编写语句，绘制机床位置控制系统特征根分布图，并判断该系统是否稳定，见表4-6。

（6）利用古尔维茨稳定判据判断机床位置控制系统的稳定性，并写出判断过程。

（7）请在 MATLAB 软件中仿真机床位置控制系统的开环幅相频率特性曲线，并判断系统的相对稳定性见表4-7。

表 4-6　项目实施 5

仿真语句	机床位置控制系统的特征根分布图
结论：	

表 4-7　项目实施 7

仿真语句	开环幅相频率特性曲线
结论：	

（8）请在 MATLAB 软件中仿真机床位置控制系统的伯德图，记录稳定裕量，并判断系统的相对稳定性，见表4-8。

表 4-8　项目实施 8

仿真语句	伯德图
结论：	

（9）若系统输入信号为 $r(t) = 1(t) + t$，求出系统的给定稳态误差，并写出仿真语句及其过程。

（10）在 Simulink 中构建机床位置控制系统，仿真其阶跃响应，计算各时域性能指标，对其主要性能进行验证，见表4-9。

表 4-9 项目实施 10

仿真电路图	阶跃响应曲线

（11）项目小结及体会。

4.4 项目评价

根据表 4-10 项目验收单完成对本项目的评价。

表 4-10 "电机位置控制系统稳定性的仿真分析"项目验收单

项目名称：＿＿＿＿＿＿＿＿＿＿＿ 项目成员：＿＿＿＿＿＿＿＿＿＿＿

姓名		学号		班级			
				专业			
评分内容		配分	评分标准	得分			失分原因分析
				自评	互评	教师评价	
Ⅰ 前期准备	方案设计	20	项目预习是否充分，方案设计合理性、传递函数推导过程是否正确				
Ⅱ 操作技能	仿真线路搭建、参数设置等	20	仿真语句、指令是否正确				
			仿真参数设置合理性				
			仿真电路是否正确、仿真元器件选择合理性				
	仿真结果读取与记录	15	仿真过程中数据读取是否正确				
			数据、波形等结果记录正确性				
Ⅲ 知识运用能力	仿真结果分析处理	25	仿真结果分析正确性				
			仿真结果分析是否全面				
Ⅳ 职业精神	课堂表现	10	劳动纪律、团队协作、工作责任意识等				
	按时完成	5	是否按时完成项目任务				
	结束工作	5	实验结束后现场是否清理				
评分因子				0.2	0.2	0.6	
总得分			评分日期				

4.5 知 识 拓 展

读一读

利用 MATLAB 对控制系统的稳定性进行分析

1. 控制系统稳定性的仿真分析

在 MATLAB 的工具箱中提供了以下相关的函数，用于分析系统的稳定性。

roots(P)：求闭环特征方程式根的函数，其中 P 为特征方程式降幂排列的系数向量。

pzmap(num,den)绘制系统零、极点分布图的函数。

margin(sys)：MATLAB 绘制系统的伯德图，计算伯德图上的稳定裕度，并将计算结果表示在图的上方。

[Gm, Pm, Wg, Wp] = margin(G)：求系统 G 的频率特性参数，返回的参数分别是 Gm 为幅值裕量，Pm 为相位裕量，Wg 为相应的穿越频率，Wp 为相应的交界频率。

【例 4-14】设系统开环传递函数为：

$$G(s) = \frac{2s^2 + 3s + 5}{s^4 + 6s^3 + 3s^2 + 4s + 9}$$

请绘制系统零极点分布图，并判别系统的稳定性。

在 MATLAB 中输入命令：

```
>> num = [2,3,5]
>> den = [1,6,3,4,9]
>> pzmap(num,den)
```

执行后会出现图 4-17 所示系统的零极点分布图，其中"×"表示极点，"○"表示零点。由图 4-17 可以看出，因有极点分布在 s 右半平面，因而系统不稳定。

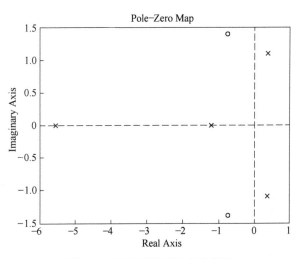

图 4-17　控制系统零极点分布图

【例 4-15】设系统开环传递函数为：

$$G_1(s) = \frac{20}{s(0.01s + 1)(0.2s + 1)}$$

绘制开环系统极坐标图和伯德图，求其稳定裕度，判断闭环系统的稳定性，并绘制单位负反馈闭环系统的阶跃响应曲线。

解：在 MATLAB 中输入命令：

\>\> num = [20]

\>\> den = conv(conv([1, 0], [0.01, 1]), [0.2, 1])

\>\> G = tf(num, den)

\>\> nyquist(G)

执行后可得极坐标图如图 4-18 所示。

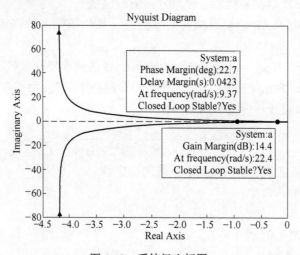

图 4-18　系统极坐标图

从图中可以看出系统极坐标图不包围（-1，j0）点，且开环传递函数位于 s 平面右半部分的极点个数为 0，因此闭环系统稳定。

继续输入命令：

\>\> bode(G)

执行后可得系统伯德图如图 4-19 所示。单击鼠标右键选特性（Characteristics）中的 All Stability Margins 选项，可在图中用蓝色的点标示出，点击该点会显示幅值裕度和相位裕度的数值。从图中可读出该系统幅值裕度为 14.4B，对应频率为 22.4rad/s，相位裕度为 22.7°，对应频率为 9.37，因而闭环系统稳定。

最后输入命令为：

\>\> [c, d] = cloop(num, den)　　%求闭环传递函数多项式的分子、分母系数

\>\> step (c, d)　　　%绘制闭环传递函数的单位阶跃响应曲线

执行后可得闭环系统单位阶跃响应曲线如图 4-20 所示，从而进一步验证系统是稳定的。

2. 控制系统稳态误差的计算

在控制系统中，利用函数 dcgain（ ）可以求取系统的给定误差，该函数调用格式为：

$$\mathrm{e_{ss}=dcgain(G)} \quad 或 \quad \mathrm{dcgain(num,den)}$$

式中，$\mathrm{e_{ss}}$ 为所求系统的给定稳态误差。

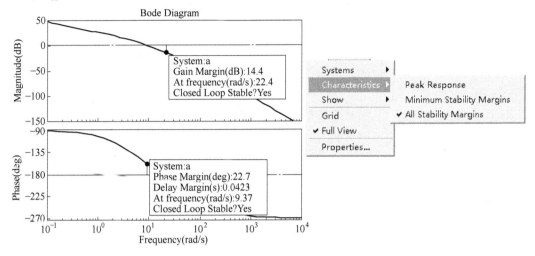

图 4-19 伯德图及其稳定裕度

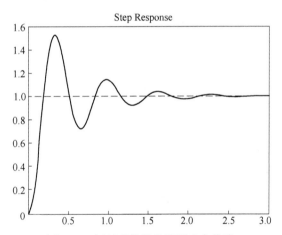

图 4-20 闭环系统单位阶跃响应曲线

【例 4-16】设图 4-21 所示单位负反馈系统开环传递函数为：

$$G(s) = \frac{5}{s^2(2s + 1)}$$

试求当系统输入信号为 $r(t) = 1(t) + 2t + 5t^2$ 的给定稳态误差。

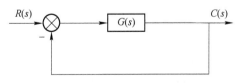

图 4-21 单位负反馈系统

解：由于系统的给定稳态误差为：

$$e_{ss} = \lim_{s \to 0} s E_r(s) = \lim_{s \to 0} s \frac{1}{1 + G(s)} R(s) = \lim_{s \to 0} s \frac{1}{1 + G(s)} R(s)$$

在 MATLAB 中输入命令：

>> a1 = tf([5], [2,1,0,0])　　%建立开环系统传递函数

>> a2 = tf([a1. den{1}], [a1. den{1} + a1. num{1}])　　%求解系统传递函数 1/[1 + G(s)]

>> a3 = tf([1,0], [1])

>> a4 = a2 * a3　　　　　%求解系统传递函数 s/[1 + G(s)]

由于系统输入信号为 $r(t) = 1(t) + 2t + 5t^2$，所以：

$$R(s) = \frac{1}{s} + \frac{2}{s^2} + \frac{5}{s^3} = \frac{s^2 + 2s + 5}{s^3}$$

所以在 MATLAB 中继续输入命令：

>> a5 = tf([1,2,5], [1,0,0,0])　　　%建立 R(s) 传递函数

>> e_{ss} = dcgain(a4 * a5)　　%求系统稳态误差

命令窗口中出现

$$e_{ss} = 1$$

即系统给定稳态误差为 1。

4.6　项　目　小　结

在控制系统的分析研究中，最重要的问题是系统的稳定性问题。

系统是否稳定一般指系统的绝对稳定性，通常以系统在扰动消失后，其被调量与给定量之间的偏差能否不断减小来衡量系统的稳定性。判断系统稳定的充要条件是闭环系统特征方程的所有根都具有负实部，即闭环传递函数的所有极点均位于 S 平面的左半部分。

稳定判据是判断系统是否稳定的准则。常用的稳定判据有：

（1）时域里的古尔维茨稳定判据和劳斯稳定判据；

（2）频域里的奈氏判据和对数频率稳定判据。

系统稳定的程度一般指系统的相对稳定性。系统微分方程的特征根离虚轴越远，系统的相对稳定性越好。稳定裕量是系统相对稳定性的度量，其包括幅值裕量和相位裕量。

系统的稳态性能反映系统跟踪控制信号的准确度或抑制扰动信号的能力，这种能力用稳态误差来描述。系统稳态误差包括跟随稳态误差和扰动稳态误差。且系统的型别越高，稳态精度越高。

在频域中，系统开环对数频率特性的低频段影响系统的稳态性能，中频段对系统动态性能起主要的影响作用，高频段决定了系统的抗干扰能力。

系统的时域性能与频率特性存在对应关系。

MATLAB 中有 root( ) 函数计算系统的特征根或用 pzmap( ) 函数绘制系统的特征根分布图，对系统稳定性进行分析，也有 margin( ) 函数直接求取系统的频域指标，或绘制系统的开环幅相图或伯德图来判断系统的相对稳定性。

4.7 习　　题

1. 填空题

（1）系统的特征方程式是_____表达式；系统的特征根是_____。

（2）线性系统的稳定性与_____有关；线性系统稳定的充要条件是_____。

（3）线性系统的稳定判据有_____判据和频域判据；前者又可分为_____判据和_____判据，其中_____判据只适用于四阶及四阶以下的系统。

（4）对于开环传递函数没有积分环节的系统，若系统开环极点在复平面右半部的个数为 P，闭环极点个数为 Z，则奈奎斯特稳定判据的内容是_____。

（5）若要全面地评价系统的相对稳定性，需要同时根据相位裕量和_____来做出判断。稳定裕量在_____范围内系统的特性能达到最好。

（6）一般来说，系统的加速度误差指输入是_____所引起的输出位置上的误差。输入相同时，系统型次越高，稳态误差越_____。

2. 计算分析题

（1）若系统的特征方程分别为：

1) $s^4 + 4s^3 + 15s^2 + 8s + 5 = 0$

2) $2s^4 + s^3 + 3s^2 + 5s + 10 = 0$

试用代数判据判断线性系统的稳定性。

（2）一个被调对象的微分方程为：

$$\frac{\mathrm{d}^2 x(t)}{\mathrm{d}t^2} + 5 \frac{\mathrm{d}x(t)}{\mathrm{d}t} - 20 x(t) = y(t)$$

其中 y 是被调对象的输入信号，x 是其输出信号。

1) 确定被调对象的传递函数。

2) 若被调对象与一个放大倍数为 K_P 的调节器组成回路，问放大倍数 K_P 必须为多大，才能使闭环系统稳定？

3) 若被调对象用一个传递为函数为 $G(s) = K_P(1 + s)/s$ 的调节器组成回路，问放大倍数 K_P 必须为多大，才能使闭环系统稳定？

（3）已知系统的开环传递函数为：

$$G(s) = \frac{K}{s(0.1s + 1)(s + 1)}$$

用古尔维茨稳定判据求出使单位负反馈系统稳定的 K 值的范围，并上机进行验证。

（4）系统的开环幅相特性曲线如图 4-22 所示，试判别闭环系统的稳定性（p 为右半平面极点个数）。

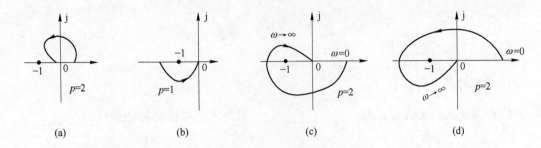

图 4-22　系统的开环幅相特性曲线

（5）已知单位负反馈系统的开环对数幅频特性曲线如图 4-23 所示。

1）求系统的开环传递函数；

2）判断闭环系统能否稳定；

3）若将系统幅频向右平移 10 倍频程，试讨论对系统动态性能如何影响？

（6）某被调对象的传递函数为：

$$G(s) = \frac{10}{(1 + 0.5s)(1 + 0.2s)}$$

1）画出该对象的幅频特性和相频特性。

2）若该被调对象与具有图 4-24 所示对数幅频特性的 I 调节器构成控制系统回路，写出该调节器的表达式。

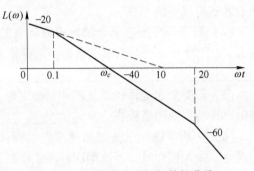

图 4-23　系统的开环幅相特性曲线

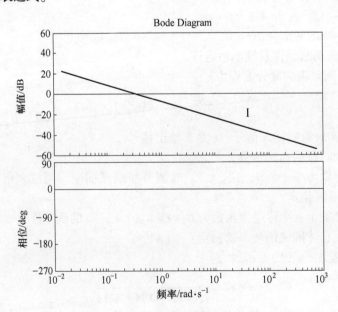

图 4-24　I 调节器的对数幅频特性曲线

3）绘制系统开环对数频率特性曲线，求取系统的相位裕量和幅值裕量，并请在图中标明。

（7）已知系统结构如图4-25所示，试绘制系统的开环对数频率特性曲线，并求出系统的相角裕量。

图4-25　系统的结构图

（8）求图4-26所示反馈控制系统的跟随稳态误差 e_{ssr} 和扰动稳态误差 e_{ssd} 误差。

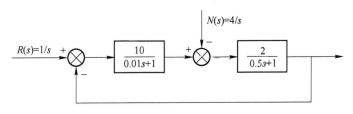

图4-26　反馈控制系统

项目 5　双容液位控制系统的工程调试

5.1　项 目 引 入

5.1.1　项目描述

图 5-1 所示为一工业变频恒压供水控制系统，下水箱中安装的压力传感器 LT 检测水箱实际液位，将检测的液位信号传输给调节器，与工艺要求的设定值比较并按一定规律运算后输出信号去控制变频器的频率，最后由变频器去控制电机的转速，改变磁力泵供水系统的进水流量，从而实现下水箱液位的恒定。

若工业生产要求下水箱液位稳定在 80% 高度，应如何选择调节器？在实际工程中，控制系统应如何投运？为达到较高的控制精度要求，系统调试时调节器参数又如何设置呢？

5.1.2　项目任务分析

分析一个自动控制系统是在已知控制系统的结构

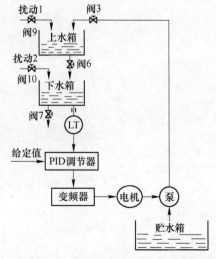

图 5-1　下水箱液位控制系统原理图

形式与全部参数的基础上，求取系统的各项性能指标，以及分析这些性能指标与系统参数之间的关系。当系统性能指标不满足要求时，就要对系统进行校正，以改善系统的性能。

本项目以液位控制系统实际工程项目为载体，按工艺控制性能指标要求，设计系统校正方案，合理选择校正器参数并完成系统的工程调试，从而掌握对常规控制系统进行校正和工程调试的方法。

5.2 信息收集

5.2.1 校正的概念

自动控制系统是由被控对象和控制装置组成的。当被控对象确定以后，则可根据控制系统所应完成的任务和性能指标要求，确定系统控制方案。一般来说，控制装置中除放大元器件的放大倍数可做适当调整外，其他元器件参数基本上是固定的，即不可变的，这些元器件与被控对象一起组成了系统的不可变部分，通常称为系统的固有部分。

当控制系统的静态、动态性能不能满足实际工程中所提出的控制要求时，首先可以考虑调整系统中可以调整的参数（如增益、时间常数、黏性阻尼液体的黏性系数等），若通过调整参数仍无法达到设计性能指标要求，就要在原有系统中，有目的地增添一些装置和元器件，人为改变系统的结构和性能，使之满足工艺要求的性能指标，我们把这种方法称为校正。增添的装置或元器件称为校正装置或校正元器件。同时满足系统性能指标的校正装置的结构、参数和连接方式不是唯一的，需对系统各方面性能、成本、体积、重量以及可行性综合考虑，选出最佳控制方案。

5.2.2 系统的校正方式

按照校正装置在系统中的连接方式，控制系统可分为串联校正、反馈校正和复合校正。

1. 串联校正

将校正装置 $G_c(s)$ 与固有部分串联，称为串联校正，如图 5-2 所示，串联校正装置一般设置在系统前向通道中能量比较低的位置，以减小功率损耗，且串联校正简单，易实现，因此在工程中应用较广。

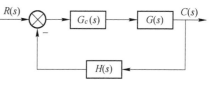

图 5-2 串联校正

2. 反馈校正

反馈校正是将校正装置反向并接在原系统前向通道的一个或几个环节上，构成局部反馈回路，如图 5-3 所示，反馈校正可以改造被反馈包围的环节特性，抑制这些环节的参数波动或非线性因素对系统性能的不利影响。

3. 复合校正

复合校正方式是在反馈控制回路中，加入前馈校正通路，组成一个有机整体，如

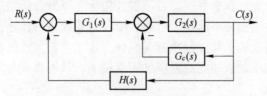

图 5-3　反馈校正

图 5-4 所示。其中图 5-4（a）为按扰动补偿的复合控制形式，图 5-4（b）为按输入补偿的复合控制形式。

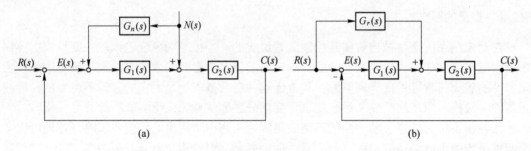

图 5-4　复合校正

校正装置测出给定输入信号 $R(s)$ 和扰动输入信号 $N(s)$，经过适当变换后，作为附加校正信号输入到系统，使可测扰动对系统的影响得到补偿，从而抑制扰动对系统输出的影响，提高系统的控制精度。

在控制系统设计中，常用的校正方式为串联校正和反馈校正两种。串联校正较反馈校正简单，在工程上应用较多。究竟选用哪种校正方式，取决于系统中的信号性质、技术实现的方便性、可供选用的元器件、抗扰性要求、经济性要求、环境使用条件以及设计者的经验等因素。

根据校正装置对开环系统相位的影响，串联校正还可分为串联超前校正、串联滞后校正、串联滞后-超前校正。校正装置可以是电气、机械或由其他物理形式的元部件所组成。根据校正装置是否外加电源，校正装置又分无源装置和有源装置两大类。无源校正装置通常由 RC 网络组成，结构简单，成本低，但会使信号在变换过程中产生幅值衰减，且其输入阻抗较低，输出阻抗又较高，因此常常需要附加放大器，以补偿其幅值衰减。有源校正装置由运算放大器、测速发电机等与无源网络组合而成，其结构和参数调节方便，因而在工业控制系统中得到广泛应用。

5.2.3　串联校正

系统的校正可以在时域和频域内进行，一般来说，在频域内对系统进行校正比较简便，但它是一种间接方法，因为设计结果满足的是一些频域指标。但时域指标和频域指标可以相互转换，且在伯德图上虽然不能严格定量地给出系统的瞬态响应特性，但却能清楚地表示出系统应当如何改变，也能方便地根据频域指标确定校正装置的参数，因而频域法获得了更为广泛的应用。

用频域法校正控制系统的实质，就是在系统中加入频率特性形状合适的校正装置，使开环系统频率特性形状变成所期望的形状：低频段增益充分大，以保证稳态误差要求；中频段对数幅频特性渐近线的斜率为 $-20\mathrm{dB/dec}$，并具有较宽的频宽，使系统具有满意的动态性能；高频部分的幅值要求能迅速衰减，以抑制高频噪声的影响。

1. 串联超前校正

若一个串联校正网络的频率特性具有正的相位角，就称为超前校正网络。超前校正的原理就是利用超前网络的相角超前特性，产生足够大的相位超前角，以增大校正系统的相角裕度，从而改善系统的动态性能。

（1）超前校正网络及其特性。

无源超前校正装置的典型电路图如图5-5所示。

该电路的传递函数为：

$$G(s) = \frac{U_o(s)}{U_i(s)} = \frac{1 + \alpha Ts}{\alpha(1 + Ts)}$$

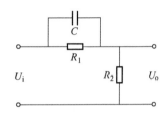

图 5-5 超前校正装置的电路图

其中

$$T = \frac{R_1 R_2}{R_1 + R_2}C, \ \alpha = \frac{R_1 + R_2}{R_2} > 1$$

通常 α 称为分度系数，T 称为时间常数。可见，采用无源超前网络进行串联校正时，整个系统的开环增益要下降 α 倍，因此一般需要增加一个放大倍数为 α 的放大环节来加以补偿，因此校正装置的传递函数为：

$$G_c(s) = \frac{1 + \alpha Ts}{\alpha(1 + Ts)} \cdot \alpha = \frac{1 + \alpha Ts}{1 + Ts} \tag{5-1}$$

其伯德图如图5-6所示。

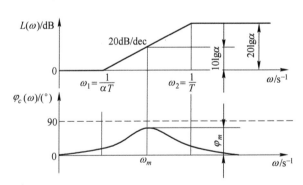

图 5-6 超前校正装置的对数幅频特性

从图中可看出，校正装置输出信号的相位总是超前于输入信号的相位，故称为超前校正装置，且当 $\omega = \omega_m$ 时超前装置能够产生最大超前角 φ_m。

由于校正装置相频特性表达式为：

$$\varphi(\omega) = \arctan(\alpha\omega T) - \arctan(\omega T) \tag{5-2}$$

令 $\mathrm{d}\varphi(\omega)/\mathrm{d}t = 0$，可求得：

$$\omega_m = \frac{1}{T\sqrt{a}} = \sqrt{\frac{1}{T} \cdot \frac{1}{\alpha T}} \tag{5-3}$$

可见 ω_m 正好位于转折频率 $\omega_1 = 1/\alpha T$ 与 $\omega_2 = 1/T$ 的几何中点。

进一步推导可得最大超前角为：

$$\varphi_m = \arcsin\frac{\alpha - 1}{\alpha + 1} \tag{5-4}$$

可见超前角 φ_m 仅与分度系数 α 有关，反映了超前校正装置的强度，且 α 越大，角度 φ_m 越大。一般情况 α 选择范围为 $5 \sim 10$ 比较合适。

（2）超前校正设计。

超前校正的设计思路是充分利用超前校正网络的最大超前角，将超前校正网络的最大相位超前频率 ω_m 选在已校正系统的剪切频率 ω_c' 处。即只要正确地将超前网络的转折频率 $1/\alpha T$ 和 $1/T$ 选在待校正系统剪切频率的两旁，就可以使已校正系统的剪切频率和相位裕量满足性能指标的要求，从而改善闭环系统的动态性能。而对闭环系统稳态性能的要求，可通过选择已校正系统的开环增益来保证。

用频域法设计超前网络的步骤如下：

1）根据稳态误差要求，确定开环增益 K。

2）利用已确定的开环增益，计算待校正系统的相角裕量。

3）根据剪切频率 ω_c' 的要求，计算超前网络参数 α 和 T。在本步骤中，关键是选择最大超前角频率等于要求的系统剪切频率，即 $\omega_m = \omega_c'$ 以保证系统的响应速度，并充分利用网络的相角超前特性。显然，$\omega_m = \omega_c'$ 成立的条件是：

$$L_c(\omega_m) = -L(\omega_c') = 10\lg a$$

根据上式不难求出 a 值，然后由：

$$T = \frac{1}{\omega_m\sqrt{\alpha}} \tag{5-5}$$

可确定 T 值。

即可得出校正网络传递函数为：

$$G_c(s) = \frac{1 + \alpha Ts}{1 + Ts} \tag{5-6}$$

4）验算已校正系统的相位裕量 γ'。

由于超前网络的参数是根据满足系统剪切频率要求选择的，因此相位裕量是否满足要求，必须经过验算。当验算结果不满足指标要求时，需重选超前角频率的值，一般使 ω_m 的值增大，然后重复以上计算步骤，直到满足指标为止。也就是说，校正是一个反复试探的过程，且能够满足性能指标的校正装置参数不是唯一的。

【例 5-1】设单位负反馈系统的开环传递函数为：

$$G(s) = \frac{K}{s(s + 1)}$$

若要求系统在单位斜坡输入信号作用时，输出稳态误差 $e_{ss} \le 0.1$，开环系统剪切频率 $\omega_c' \ge 4.6\text{rad/s}$，相应裕量 $\gamma' \ge 40°$，幅值裕量 $L_g' \ge 10\text{dB}$。试设计串联无源超前网络。

解：（1）确定开环增益。

系统为 I 型系统，单位斜坡输入下，输出稳态误差为：

$$e_{ss} = \frac{1}{K} \le 0.1 \Rightarrow K \ge 10$$

取 $K = 12$，则未校正系统的开环传递函数为：

$$G(s) = \frac{12}{s(s+1)}$$

（2）画出未校正系统的对数幅频特性渐进线①如图 5-7 所示，求相位裕量 γ 。

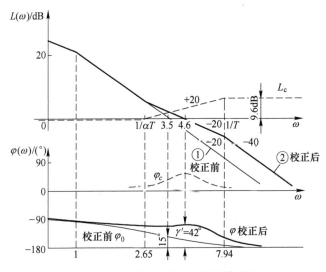

图 5-7 校正前后系统的对数频率特性

从图 5-7 中可得：

$$\omega_c = 3.5 \text{rad/s} \qquad \gamma = 180° - 90° - \arctan\omega_c = 15°$$

（3）计算超前网络参数 α 和 T 。

令 $\omega_m = \omega_c' = 4.6 \text{rad/s}$，查图得：$L(\omega_c') = -5\text{dB}$ 。

$$10\lg\alpha = -L(\omega_c') \Rightarrow \alpha = 3$$

$$T = \frac{1}{\omega_m\sqrt{\alpha}} = 0.126\text{s}$$

所以，校正装置的传递函数为：

$$G_c(s) = \frac{1 + \alpha Ts}{1 + Ts} = \frac{1 + 0.378s}{1 + 0.126s}$$

校正后系统的开环传递函数为：

$$G'(s) = G_c(s)G(s) = \frac{12(1 + 0.378s)}{s(1 + 0.126s)(1 + s)}$$

（4）画出校正后的对数幅频渐进线②如图 5-7 所示，验证相位裕量。

$$\omega = \omega_m = \omega_c' \text{处，} \phi_m = \arcsin\frac{\alpha - 1}{\alpha + 1} = 30°$$

$$\gamma(\omega_c') = 180° - 90° - \arctan\omega_c' = 12°$$

可得校正后系统的相位裕量为：

$$\gamma' = \phi_m + \gamma(\omega_c') = 42° > 40°$$

而校正后系统的幅值裕量为：

$$L'_g = L_g = +\infty \ (\text{dB})$$

所以，校正后系统的性能指标均满足给定要求。

若系统剪切频率未知，则系统超前校正的一般步骤为：

1）根据稳态误差要求，确定开环增益 K；

2）利用已确定的开环增益，计算未校正系统的相位裕量 γ；

3）根据需补偿的角度计算 α。

$$\sin\varphi_m = \frac{1-\alpha}{1+\alpha}$$

选择最大超前角频率等于要求的系统剪切频率 ω'_c，即：

$$L_c(\omega_m) = L(\omega'_c) = -10\lg a$$

可得：

$$\omega_m = \omega'_c$$

而：

$$T = \frac{1}{\omega_m\sqrt{\alpha}}$$

可得校正网络传递函数。

4）验算已校正系统的相位裕量 γ'。

【例 5-2】设单位负反馈系统的开环传递函数为：

$$G(s) = \frac{K}{s(0.5s + 1)}$$

若要求系统的速度误差系数为 20s^{-1}，相位裕量 $\gamma' \geqslant 50°$，试设计串联无源超前网络满足系统各性能指标。

解：（1）确定开环增益。

由于系统的速度误差系数为 20，可得 $K = 20$。则未校正系统的开环传递函数为：

$$G(s) = \frac{20}{s(0.5s + 1)}$$

当角频率 $\omega = 1$ 时，$20\lg K = 20\lg 20 = 26\text{dB}$，因此开环系统低频渐近线过坐标（1，26）这一点，且开环系统转折点频率为：

$$\omega_1 = \frac{1}{T_1} = \frac{1}{0.5}$$

（2）画出未校正系统的对数幅频特性渐进线如图 5-8 所示，计算转折点频率，确定相位裕量 γ。

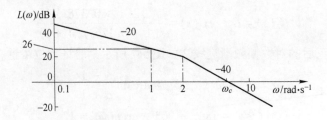

图 5-8　校正前系统的对数幅频特性

由对数幅频特性曲线中三角形及斜率如图 5-9 所示可得：

$$26 = 20\lg2 + 40\lg\frac{\omega_c}{2} = 20\lg2 + 20\lg\left(\frac{\omega_c}{2}\right)^2 = 20\lg\frac{\omega_c^2}{2}$$

$$20 = \frac{\omega_c^2}{2} \Rightarrow \omega_c = \sqrt{40} = 6.3$$

所以系统相位裕量为：

$$\gamma = 180° + \varphi(\omega_c) = 180° - 90° - \arctan(0.5 \times 6.3) = 18°$$

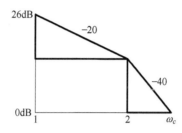

图 5-9 对数幅频特性曲线中的三角形

（3）计算超前网络参数 α 和 T。

若要求系统相位裕量 $\gamma' \geqslant 50°$，则校正装置应提供：

$$\varphi_m = 50° - 18° + 5° = 37°$$

由 $$\sin\varphi_m = \sin37° = \frac{\alpha + 1}{\alpha - 1} = 0.6 \Rightarrow \alpha = 4.0$$

$$L_c(\omega_m) = -L(\omega_c') = -10\lg\alpha = -10\lg4 = -6dB$$

查图可得： $$\omega_c' \geqslant 8.9$$

或者由图 5-10 所示三角形可得：

$$6.0 = 40(\lg\omega' - \lg\omega_c) = 40\lg\frac{\omega_c'}{\omega_c} = 40\lg\frac{\omega_c'}{6.3} \Rightarrow \omega_c' = 8.9$$

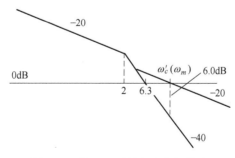

图 5-10 校正后对数幅频特性曲线

进一步计算可得：

$$T = \frac{1}{\omega_m\sqrt{\alpha}} = \frac{1}{8.9 \times \sqrt{4.0}} = 0.056$$

所以校正网络传递函数为：

$$G_c(s) = \frac{\alpha Ts + 1}{Ts + 1} = \frac{0.224s + 1}{0.056s + 1}$$

校正后系统的开环传递函数为：

$$G_c(s) = \frac{20(0.224s + 1)}{s(0.056s + 1)(0.5s + 1)}$$

（4）验证校正后的相位裕量 γ' 校正后的对数幅频渐进线如图 5-11 所示。

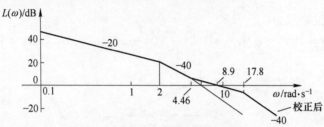

图 5-11　校正后对数幅频特性曲线

所以系统相位裕量为：

$\gamma' = 180° - 90° - \arctan(0.5 \times 8.9) - \arctan(0.056 \times 8.9) + \arctan(0.224 \times 8.9) = 49.5°$
基本满足系统的性能指标。

可见，超前校正利用相位超前特性来增大系统的相位裕量，改变了未校正系统的中频段形状，从而改善控制系统的快速性和超调量，提高了系统的动态性能，但同时也将削弱系统抑制高频干扰的能力。该校正方法常用于系统稳态性能已经满足，而暂态性能差的系统。另外该校正方法也有一定适用范围，如对一些不稳定系统校正前后相位裕量相差较大，或在剪切频率附近相角急剧下降的系统校正效果不是很理想，则需采用其他方法进行校正。

2. 串联滞后校正

若一个串联校正网络的频率特性具有负的相位角，就称为滞后校正网络。

滞后校正的作用主要在于提高系统的开环放大倍数，从而改善系统的稳态性能，而不影响系统的动态性能，常用于对系统稳态精度要求高的场合。

（1）滞后校正装置及其特性。

无源滞后校正装置的典型电路图如图 5-12 所示。

它的传递函数为：

$$G(s) = \frac{U_o(s)}{U_i(s)} = \frac{1 + \beta Ts}{1 + Ts} \tag{5-7}$$

其中

$$\beta = \frac{R_2}{R_1 + R_2} \quad (\beta < 1)$$

$$T = (R_1 + R_2)C$$

其对数频率特性曲线如图 5-13 所示。由图中可看出，滞后校正装置输出量的相位总是滞后于输入量的相位，故称为滞后校正装置。且与超前校正装置类似，有：

$$\omega_m = \frac{1}{T\sqrt{\beta}} = \sqrt{\frac{1}{T} \cdot \frac{1}{\beta T}} \tag{5-8}$$

校正装置的最大滞后相角位于在两个转折频率 $1/T$ 和 $1/\beta T$ 的几何中点处，且大小为：

$$\varphi_m = \arcsin\frac{1 - \beta}{1 + \beta} \tag{5-9}$$

从图 5-13 中还可以看出滞后校正装置具有低通滤波器的性能，对高频噪声信号有削弱作用。

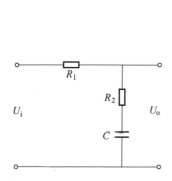

图 5-12 滞后校正装置的电路图

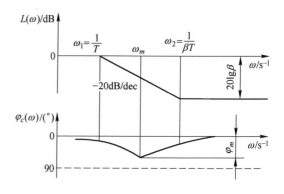

图 5-13 滞后校正装置的对数幅频特性

（2）滞后校正设计。

滞后网络校正并不是利用相位的滞后特性，而是利用滞后网络的高频幅值衰减特性，降低系统的剪切频率，从而提高系统的相位裕量，以改善系统的动态性能。或者说是利用滞后网络的低通滤波特性，使低频信号有较高的增益，从而提高系统的稳态精度。

串联滞后校正的一般步骤：

1）根据稳态误差要求，确定开环增益 K。

2）利用已确定的开环增益，计算未校正系统的剪切频率 ω_c 和相位裕量 γ。

3）根据系统所要求的相位裕量 γ' 要求，从原系统的相频特性曲线上找到一个频率 ω'_c 在该频率处的相角为：

$$\varphi = -180° + \gamma' + \Delta \tag{5-10}$$

其中 ω'_c 为校正后系统的剪切频率，Δ 是用于补偿由滞后网络在新的剪切频率 ω'_c 处产生的滞后相角，一般取 $5° \sim 15°$。

4）根据式（5-10）的计算结果，在相频特性曲线上可查得 φ 相对应的 ω'_c 值。

5）确定滞后网络参数 β 和 T。

由

$$20\lg\beta + L(\omega'_c) = 0 \tag{5-11}$$

和

$$\frac{1}{\beta T} = (0.1 \sim 0.5)\omega'_c \tag{5-12}$$

可得出滞后校正网络传递函数为：

$$C_c(s) = \frac{1 + \beta Ts}{1 + Ts}$$

6）验算已校正系统的相位裕量 γ' 和幅值裕量 L_g。

【例 5-3】设控制系统框图如图 5-14 所示。若要求校正后系统的静态速度误差系数等于 $10s^{-1}$，相位裕量不低于 $35°$，幅值裕量不小于 10dB，剪切频率不小于 0.5rad/s，试设计串联校正装置。

解：（1）确定开环增益。

系统为 I 型系统，其静态速度误差系数为 10。

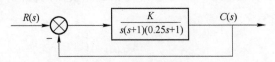

图 5-14　控制系统框图

$$K_v = \lim_{s \to 0} sG(s) = \lim_{s \to 0} \frac{K}{s^{v-1}} = K = 10$$

所以，系统开环传递函数为：

$$G(s) = \frac{10}{s(s+1)(0.25s+1)}$$

（2）画出未校正系统的对数幅频特性渐进线 $L(\omega)$，如图 5-15 所示，并求相位裕量 γ。

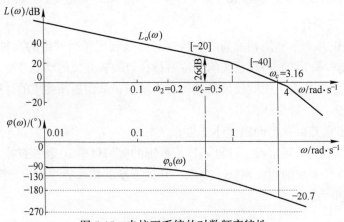

图 5-15　未校正系统的对数频率特性

从图 5-15 中可得：

$$\frac{20\lg10}{\lg\omega_c - \lg1} = 40$$

因而未校正系统的剪切频率为：

$$\omega_c = 3.16\text{rad/s}$$

未校正系统的相位裕量为：

$$\gamma = 90° - \arctan\omega_c - \arctan(0.25\omega_c) = -20.7° < 0°$$

由此可知需补偿的相角较大，对抗干扰有不利影响，且物理实现较为困难。同时由于采用超前校正穿越频率 ω_c 会右移。从原系统的相频特性可见，系统在原穿越频率 ω_c 处相位急速下降，需要校正装置提供的相角超前量可能更大，因而不宜采用串联超前校正。

（3）找出校正后系统的剪切频率 ω_c'。

根据性能指标要求：$\gamma' \geqslant 35°$，取 $\Delta = 15°$。由式（5-10）可得：

$$\varphi = -180° + \gamma' + \Delta = -180° + 35° + 15° = -130°$$

从图 5-15 中相频特性曲线可查 φ 处的频率为：

$$\omega_c' \approx 0.5\text{rad/s}$$

（4）确定滞后网络参数 β 和 T。

由原系统对数频率特性曲线可得：$L(\omega'_c) = 26\text{dB}$。于是可列写方程组：

$$\begin{cases} 20\lg\beta + L'(\omega'_c) = 0 \\ \dfrac{1}{\beta T} = 0.4\omega'_c \end{cases} \Rightarrow \begin{cases} \beta = 0.05 \\ T = 100 \end{cases}$$

所以，滞后校正网络传递函数为：

$$G_c(s) = \frac{1 + \beta T s}{1 + T s} = \frac{1 + 5s}{1 + 100s}$$

滞后校正网络伯德图如图 5-16 中②所示。

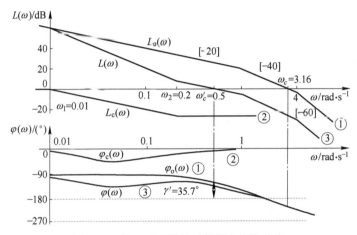

图 5-16 校正后系统的对数频率特性曲线

（5）验算。

校正后开环系统的传递函数为：

$$G(s) = \frac{10(1 + 5s)}{s(s + 1)(0.25s + 1)(1 + 100s)}$$

绘出校正后开环系统伯德图如图 5-16 中③所示。

由于 $\phi_c(\omega'_c) = \arctan(5\omega'_c) - \arctan(100\omega'_c) \approx -20.7°$

校正后开环系统的相位裕量为：

$$\gamma' = \gamma(\omega'_c) + \phi_c(\omega'_c) = 56.4° - 20.7° = 35.7° > 35°$$

从图中可看出，校正后系统的幅值裕量 $L_g > 10\text{dB}$。所以校正后系统性能指标满足要求。

可见，滞后校正利用高频幅值的衰减减小了系统的剪切频率，降低了系统的响应速度，却提高系统相位裕量，或者相位裕量不变时增大系统稳态误差系数，从而提高了系统的型别，使系统的稳态误差减小，改善了系统的稳态性能。其本质上是一种低通滤波器，对低频信号具有放大能力，对高频信号具有衰减作用，适用于对系统稳态精度要求高的场合。若性能指标要求的剪切频率远远小于未校正系统的剪切频率时，则优先考虑采用串联滞后校正方案。

3. 串联滞后—超前校正

当未校正系统不稳定，且对校正后的系统的动态和静态性能如响应速度、相位裕量和稳态误差均有较高要求时，仅采用上述超前校正或滞后校正均难以达到预期的校正效果，此时宜于采用串联滞后—超前校正。

（1）滞后超前校正装置及其特性。

由 RC 电路构成的无源滞后–超前校正装置如图 5-17 所示。

其传递函数为：

$$G(s) = \frac{U_o(s)}{U_i(s)} = \frac{(T_1 s + 1)(T_2 s + 1)}{T_1 T_2 s^2 + (T_1 + T_2 + T_3)s + 1}$$

式中　　　　　　　　$T_1 = R_1 C_1, \ T_2 = R_2 C_2, \ T_3 = R_1 C_2$

令

$$T_1 + T_2 + T_3 = \alpha T_1 + \frac{T_2}{\alpha}, \ \alpha > 1$$

则可得传递函数：

$$G(s) = \frac{(T_1 s + 1)(T_2 s + 1)}{(1 + \alpha T_1 s)(1 + T_2 s/\alpha)} \tag{5-13}$$

其中 $\dfrac{T_1 s + 1}{1 + \alpha T_1 s}$ 部分起滞后校正作用，$\dfrac{T_2 s + 1}{1 + \dfrac{T_2}{\alpha} s}$ 部分起超前校正作用。其对数频率特性曲线如图 5-18 所示。

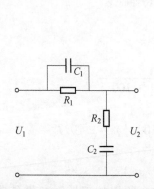

图 5-17　滞后校正装置的电路图

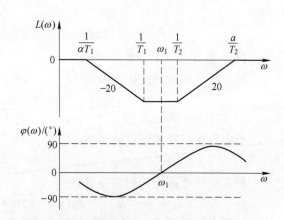

图 5-18　滞后超前校正装置对数频率特性曲线

（2）滞后—超前校正设计。

滞后—超前校正实质上是综合了滞后和超前校正各自特点，利用校正装置中的超前部分增大系统的相位裕量，改善其动态性能；利用校正装置的滞后部分提高系统的稳态精度。两者分工明确，相辅相成，达到同时改善系统动态和稳态性能的目的。

滞后—超前校正设计的一般步骤：

1）根据稳态误差要求，确定控制系统的开环增益 K。

2）利用已确定的开环增益 K，绘制未校正系统的伯德图，并确定控制系统的剪切频率 ω_c，幅值裕量 L_g 和相位裕量 γ。

3）根据响应速度的要求，选择系统的剪切频率 ω_c'。

4）确定滞后校正参数。

5）确定超前校正参数。

6）验证校正后系统的性能指标是否满足要求。

【例 5-4】 设控制系统框图如图 5-19 所示。若要求校正后系统的静态速度误差系数大于 $100s^{-1}$，相位裕量不低于 $40°$，剪切频率不小于 $20rad/s$，试设计串联校正装置。

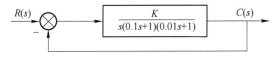

图 5-19 控制系统框图

解：（1）首先确定放大系数。根据稳态误差要求，系统应设计为 I 型系统。开环放大系数为：

$$K = k_v \geqslant 100$$

取 $K=100$，绘制未校正系统的波德图如图 5-20 中① 所示。

（2）校正前剪切频率。根据：

$$A(\omega_c) = \frac{100}{\omega_c\sqrt{(0.1\omega_c)^2 + 1}\sqrt{(0.01\omega_c)^2 + 1}} \approx \frac{100}{\omega_c \cdot 0.1\omega_c} = 1$$

解得：

$$\omega_c = \sqrt{1000} \approx 31.6$$

校正前系统的相位裕量 γ 为：

$$\gamma(\omega_c) = 180° - 90° - \arctan 0.1\omega_c - \arctan 0.01\omega_c \approx 0°$$

由于 $\omega_c \approx 31.6 > 20$，所以不宜采用超前校正。而校正后系统的剪切频率 $\omega_c' = 20$ 处的相角为：

$$\phi(\omega_c) = -90° - \arctan 0.1\omega_c - \arctan 0.01\omega_c \approx -165°$$

故单独采用滞后网络也不能满足系统性能要求，所以采用滞后—超前校正网络。

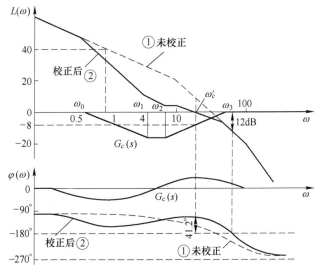

图 5-20 例 5-4 系统的对数频率特性曲线

（3）确定滞后校正部分的参数。

一般取滞后校正部分第二个转折频率为：

$$\omega_1 = \frac{1}{T_1} = \left(\frac{1}{10} \sim \frac{1}{5}\right) \omega_c'$$

这里设转折频率：

$$\omega_1 = 1/T_1 = \frac{1}{5}\omega_c' = 4\text{rad/s}$$

即：

$$T_1 = \frac{1}{4} = 0.25\text{s}$$

考虑所需的相位最大超前角约为 50°，选择 $\alpha = 8$，则可得：

$$\omega_0 = \frac{1}{\alpha T_1} = 2$$

所以校正装置滞后部分的传递函数可写成：

$$G_{c1}(s) = \frac{1 + T_1 s}{1 + \alpha T_1 s} = \frac{1 + 0.25s}{1 + 2s}$$

（4）确定超前部分传递函数。

在新的穿越频率 $\omega_c' = 20$ 处，未校正系统的幅值为：

$$L(\omega_c') \approx 20\lg \frac{100}{\omega_c'(0.1\omega_c')} = 8\text{dB}$$

因此，在波德图上通过点（-8dB，20rad/s）作一条斜率为 20dB/dec 的直线分别与 0dB 线和滞后—超前校正装置滞后部分频率特性的-20dB 线相交，交点即为滞后—超前校正装置超前部分的转折频率，由图 5-20 可得：

$$\omega_2 = \frac{1}{T_2} = 7.08\text{rad/s}$$

即：

$$T_2 = 0.14\text{s}$$

$$\omega_3 = \frac{\alpha}{T_2} = 56.6\text{rad/s}$$

即：

$$\frac{T_2}{\alpha} = 0.02\text{s}$$

所以校正装置超前部分的传递函数为：

$$G_{c2}(s) = \frac{1 + T_2 s}{1 + \frac{T_2}{\alpha}s} = \frac{1 + 0.14s}{1 + 0.02s}$$

所以滞后超前校正装置的传递函数为：

$$G_c(s) = \frac{0.25s + 1}{2s + 1} \cdot \frac{0.14s + 1}{0.02s + 1}$$

（5）校正后系统的开环传递函数为：

$$G(s) = G_c(s)G_p(s) = \frac{100(0.25s + 1)(0.14s + 1)}{s(0.1s + 1)(0.01s + 1)(2s + 1)(0.02s + 1)}$$

校正装置及校正后系统的开环频率特性曲线如图 5-20 中②所示。

从图中可得，校正后系统的相位裕量等于 41.2°，幅值裕量等于 12dB，稳态速度误差系数等于100s^{-1}，满足所提出的系统要求。

由此可见，滞后—超前校正同时兼有滞后校正和超前校正的优点，且又弥补了这两种校正的不足。通过滞后—超前校正，系统的稳态精度提高，响应速度加快，超调量减小，高频噪声得到抑制，同时改善了系统的动态和稳态性能。

做一做

控制系统校正器的设计

若一控制系统结构图如图 5-21 所示。

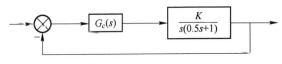

图 5-21 控制系统结构图

试设计 $G_c(s)$ 和调整 K，使得系统在 $r(t) = t$ 作用下的稳态误差 $e_{\text{rss}} \leqslant 0.01$，且系统的相位裕量不小于 45°。请按表 5-1 的要求实施，并将结果填入表中。

表 5-1 具体实施要求及步骤

实 施 要 求	实 施 结 果
说明选择校正器的类型及其原因	
说明校正器设计的整个分析过程	
绘制校正器的伯德图	
绘制系统校正前后的伯德图	
求解相关参数，验证闭环系统是否满足性能指标要求	
绘制闭环系统阶跃响应曲线，进一步验证系统的动、静态性能	

5.2.4 PID 控制器及参数整定

在工业自动化设备中，采用由电动（或气动）单元构成的 PID 控制器（或称 PID 调节器）是常见的有源校正装置，它由比例单元、微分单元和积分单元组合而成，可以实现各种要求的控制规律，其参数整定方便，结构改变灵活，在许多工业过程控制中获得了良好的效果。对于那些数学模型不易精确求得、参数变化较大的被控对象，采用 PID 调节器也往往能得到满意的控制效果。

下面主要分析 PID 各控制规律的特点及其对控制系统性能的影响以及实际系统工程调试时参数如何设置等问题。

1. 比例控制器（P 校正）

当反馈控制信号与系统误差信号呈线性比例关系时，这种控制称为比例控制。其传递函数为：

$$G_c(s) = \frac{u(s)}{e(s)} = K_P \tag{5-14}$$

可见，具有比例控制规律的校正器实质上是一个可调增益的放大器。其只改变信号的增益而不影响相位。图 5-22 所示为一比例校正系统框图，其中 $G_1(s)$ 为系统开环传递函数，属系统固有部分，$G_c(s)$ 为比例控制器，串联在系统的前向通道中。

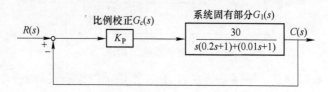

图 5-22　比例校正系统框图

由系统的开环传递函数 $G_c(s)$ 可绘制其对数频率特性如图 5-23 中 I 所示，采用比例控制器校正后，若设 $K_P = 0.4$，可得对数频率特性如图 5-23 中 II 所示。

由图中可得，降低比例校正装置的增益后：

（1）系统的相位裕量由原来的 23.3°提高为 43.2°，提高了系统的相对稳定性。

（2）系统的剪切频率 ω_c 由 15.8 变为 8.92，降低了系统的快速性。

（3）$L(\omega)$ 在 $\omega = 1$ 处的数值降低，则系统的稳态误差增大，导致系统稳态精度变差。

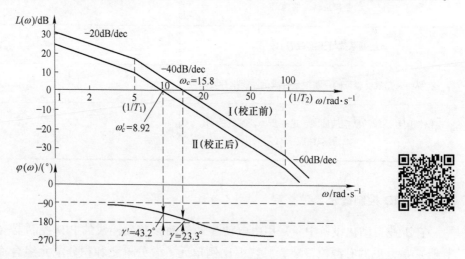

图 5-23　比例校正对系统性能的影响

同理，可应用 MATLAB 软件对系统性能进行分析，图 5-24 中曲线①（实线表示）和曲线②（虚线表示）分别为仿真分析得到的校正前、后系统的单位阶跃响应曲线。

由此可见，降低增益，将使系统的稳定性改善，但会使系统的稳态精度变差。当然，

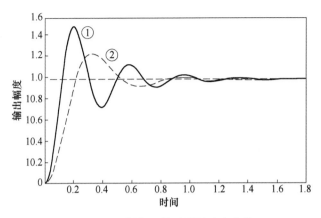

图 5-24 比例校正前后阶跃响应曲线

若增加增益，系统性能变化与上述相反。调节系统的增益，在系统的相对稳定性和稳态精度之间作某种折中的选择，以满足（或兼顾）实际系统的要求，是最常用的调整方法之一。

2. 积分控制器（I 校正）

当控制器的输出变化量与输入偏差的积分成比例时，就是积分控制规律。积分控制器的传递函数为：

$$G(s) = \frac{u(s)}{e(s)} = \frac{K_I}{s} \tag{5-15}$$

式中，K_I 为积分比例系数。积分控制器可以提高系统型别，增强了系统抗高频干扰能力，其主要作用是可以消除或减弱系统的稳态误差，从而改善稳态性能。但纯积分环节会带来相角滞后，减少系统相角裕度，可能会造成系统不稳定，因而通常不单独使用，而是结合比例作用 P 或微分作用 D 组成 PI 或 PID 控制器使用。

3. 比例积分校正（相位滞后校正）

比例积分校正装置，也称为 PI 调节器，其传递函数为：

$$G_c(s) = \frac{K_c(T_I s + 1)}{T_I s} \tag{5-16}$$

式中　K_c——比例放大倍数；

　　　T_I——积分时间常数。

其结构图如图 5-25 所示，对数频率特性曲线如图 5-26 所示。因而将它的频率特性和系统固有部分的频率特性相加，可以提高系统的型别，即提高系统的稳态精度。

从图可见，PI 调节器提供了负的相位角，所以 PI 校正也称为滞后校正。并且 PI 调节器的对数渐近幅频特性在低频段的斜率为-20dB/dec。从相频特性中可以看出，PI 调节器在低频产生较大的相位滞后，所以 PI 调节器串入系统时，要注意将 PI 调节器转折频率放在固有系统转折频率的左边，并且要远一些，这样对系统的稳定性的影响较小。但是，由于高频段上升，降低了系统的抗干扰能力。

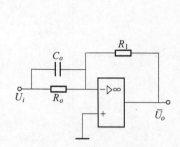

图 5-25　PI 调节器电路图

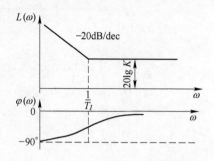

图 5-26　PI 调节器的对数频率特性曲线

【例 5-5】设图 5-27 所示系统的固有开环传递函数为：

$$G(s) = \frac{K_I}{(T_1 s + 1)(T_2 s + 1)}$$

其中 $T_1 = 0.5$，$T_2 = 0.05$，$K_I = 5$。采用 PI 调节器（$K = 2$，$T = 0.5s$），对系统作串联校正。试比较系统校正前后的性能。

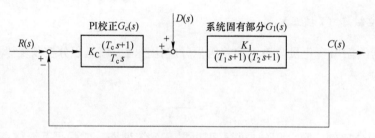

图 5-27　具有 PI 校正的控制系统

解： 原系统的 Bode 图如图 5-28 中曲线①所示。特性曲线低频段的斜率为 0dB，显然是有差系统。穿越频率 $\omega_c = 8.9$rad/s，相位裕量 $\gamma = 78.6°$。

采用 PI 调节器校正，其传递函数 $G_c(s) = \dfrac{2(0.5s + 1)}{0.5s}$，Bode 图为图 5-28 中的曲线②。校正后的曲线如图 5-28 中的曲线③。

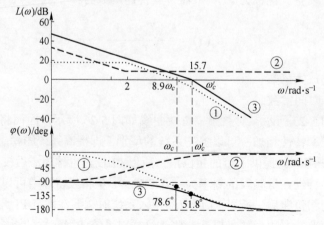

图 5-28　PI 校正对系统性能的影响

由图可见，增加比例积分校正装置后：

（1）在低频段，$L(\omega)$的斜率由校正前的 0dB/dec 变为校正后的-20dB/dec，系统由 0 型变为 I 型，系统的稳态精度提高。

（2）在中频段，$L(\omega)$的斜率不变，但由于 PI 调节器提供了负的相位角，相位裕量由原来的 78.6°减小为 51.8°，降低了系统的相对稳定性；穿越频率 ω_c 有所增大，快速性略有提高。

（3）在高频段，$L(\omega)$的斜率不变，因而校正前后对系统的抗高频干扰能力影响不大。

同理，可应用 MATLAB 软件对系统性能进行分析，图 5-29 中曲线①（虚线表示）和曲线②（实线表示）分别为仿真分析得到的校正前、后系统的单位阶跃响应曲线。

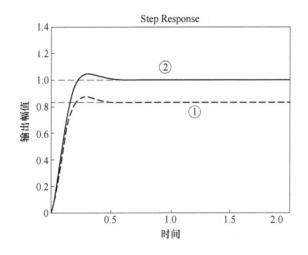

图 5-29　PI 校正前后控制系统的单位阶跃响应

综上所述，比例积分校正由于相位滞后影响了系统的动态性能，使系统的相对稳定性变差，但它提高了系统的型别，能使系统的稳态误差大大减小，显著改善系统的稳态性能。而稳态性能是控制系统在运行过程中较重要的性能指标。因此，在许多场合，往往降低一点动态性能指标的要求来保证系统的稳态精度，这就是比例积分校正获得广泛应用的原因。

4. 微分控制器

具有微分控制规律（D）的控制器。其传递函数为：

$$G(s) = \frac{u(s)}{e(s)} = T_{\mathrm{D}}s \tag{5-17}$$

式中，T_{D} 为微分时间。

微分控制作用可以对系统的误差变化进行超前预测，提前采取调节措施从而避免系统超调量太大，同时减少系统的响应时间。微分控制作用的输出大小与偏差变化的速度成正比。对于一个固定不变的偏差，不管这个偏差有多大，微分作用的输出总是零；所以理想微分控制作用一般不能单独使用，也很难实现，而是结合比例 P 或比例积分 PI 组成 PD 或 PID 控制器使用。

5. 比例微分控制器（相位超前校正）

比例微分校正装置也称为 PD 调节器，其传递函数为：

$$G(s) = K(T_D s + 1) \tag{5-18}$$

式中　　K——比例放大倍数；

　　　　T_D——微分时间常数。

其结构图如图 5-30 所示，对数频率特性曲线如图 5-31 所示。从图可见，PD 调节器提供了超前相位角，所以 PD 校正也称为超前校正。并且 PD 调节器的对数幅频特性的斜率为+20dB/dec。因而将它的频率特性和系统固有部分的频率特性相加，比例微分校正的作用主要体现在两方面：

（1）使系统的中、高频段特性上移（PD 调节器的对数幅频特性的斜率为+20dB/dec），幅值穿越频率增大，使系统的快速性提高。

（2）PD 调节器提供一个正的相位角，使相位裕量增大，改善了系统的相对稳定性。但是，由于高频段上升，降低了系统的抗干扰能力。

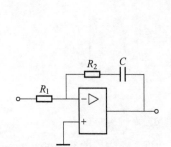

图 5-30　PD 调节器的电路图

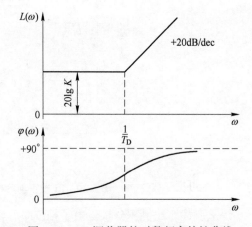

图 5-31　PD 调节器的对数频率特性曲线

【例 5-6】设图 5-32 所示系统的开环传递函数为：

$$G(s) = \frac{K}{s(T_1 s + 1)(T_2 s + 1)}$$

其中 $T_1 = 0.1$，$T_2 = 0.02$，$K = 30$，采用 PD 调节器（$K = 1$，$T = 0.1s$），对系统作串联校正。试比较系统校正前后的性能。

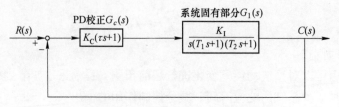

图 5-32　具有 PD 校正的控制系统

解：原系统的 Bode 图如图 5-33 中曲线②所示。特性曲线以−40dB/dec 的斜率穿越 0dB 线，穿越频率 $\omega_c = 15.5$rad/s，相位裕量 $\gamma = 15.6°$。

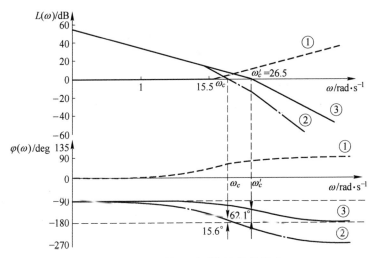

图 5-33 PD 校正对系统性能的影响

采用 PD 调节器校正,其传递函数 $G_c(s) = 0.1s + 1$,Bode 图如图 5-33 中的曲线①,校正后的曲线如图 5-33 中的曲线③。

由图可见,增加比例积分校正装置后:

(1)低频段,$L(\omega)$ 的斜率和高度均没变,所以不影响系统的稳态精度。

(2)中频段,$L(\omega)$ 的斜率由校正前的 $-40\mathrm{dB/dec}$ 变为校正后的 $-20\mathrm{dB/dec}$,相位裕量由原来的 $15.6°$ 提高为 $62.1°$,提高了系统的相对稳定性;穿越频率 ω_c 由 15.5 变为 26.5,快速性提高。

(3)高频段,$L(\omega)$ 的斜率由校正前的 $-60\mathrm{dB/dec}$ 变为校正后的 $-40\mathrm{dB/dec}$,系统的抗高频干扰能力下降。

同理,可应用 MATLAB 软件对系统性能进行分析,图 5-34 中曲线①(虚线表示)和曲线②(实线表示)分别为仿真分析得到的校正前、后系统的单位阶跃响应曲线。

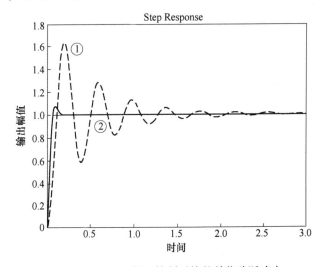

图 5-34 PD 校正前后控制系统的单位阶跃响应

综上所述,比例微分校正将使系统的稳定性和快速性改善,但是抗高频干扰能力下降。

6. 比例-积分-微分控制器（相位滞后—超前校正）

比例积分微分校正装置，也称为 PID 调节器。典型的 PID 控制结构如图 5-35 所示。PID 调节器的数学微分方程为：

$$u(t) = K_P \left[e(t) + \frac{1}{T_i} \int_0^t e(\tau)\mathrm{d}\tau + T_d \frac{\mathrm{d}e(t)}{\mathrm{d}t} \right]$$

其传递函数为：

$$G_c(s) = K_P \left(1 + \frac{1}{T_I s} + T_D s \right) \tag{5-19}$$

式中　K_P——比例放大倍数；

　　　T_I——积分时间常数；

　　　T_D——微分时间常数。

把式（5-19）改写成：

$$G_c(s) = \frac{K_P}{T_I} \frac{(T_I T_D s^2 + T_I s + 1)}{s} \approx \frac{K_P}{T_I} \frac{(1 + T_I s)(1 + T_D s)}{s} \tag{5-20}$$

其对数频率特性曲线如图 5-36 所示。

可以看出，PID 校正器引入相位超前校正可以扩大系统频带宽度，提高系统的快速性和增加稳定裕量；而引入相位滞后校正可以提高系统的稳态精度和改善系统稳定性，因而 PID 校正器全面提高了系统的动、静态性能。

尽管 PID 校正器兼有滞后、超前两种校正的优点，但在工业生产中，由于 PID 控制器有三个参数需要调整，且三个参数会相互作用相互影响，因而在很多情况下，还是尽量选择 PI 或 PD 控制器对系统进行校正，只有在用以上两种控制器中任一控制器校正，均不能满足给定指标或实现困难时，才考虑选用 PID 控制器。

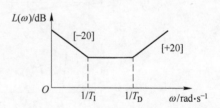

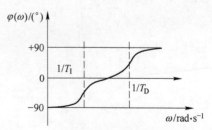

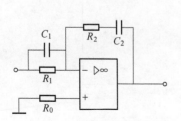

图 5-35　PID 调节器的电路图　　　　　图 5-36　PID 调节器的对数频率特性曲线

小结

PID 校正装置共有哪些类型？各有何特点呢？请自行总结并填入表 5-2 中。

请在表 5-2 中填入常用的 PID 校正装置名称、结构图、阶跃响应曲线、伯德图及特点。

表 5-2 　常用的 PID 校正装置名称、结构图、阶跃响应曲线、伯德图及特点

校正类型	校正装置名称	结构图	阶跃响应曲线	伯德图	特点
P					
I					
D					
PI					
PD					
PID					

7. PID 调节器参数的工程整定

控制系统参数的整定就是通过实验或计算的方法，寻求调节器参数的最佳组合，从而达到改善系统的静、动态特性，以得到最佳调节质量的过程。控制器参数整定的方法主要分为理论计算法和工程整定方法，理论计算即依据系统数学模型，经过理论计算来确定控制器参数，如前述系统的校正设计。工程整定方法是按照工程经验公式对控制器参数进行整定，主要有临界增益法（又称齐格勒—尼柯尔斯法则或稳定边界法）、反应曲线法、衰减曲线法和经验凑试法。工程整定方法与理论计算相比优点是无须知道系统的数学模型，可以直接对系统进行现场整定，方法简单，容易掌握。需要注意的是无论采取上述何种方法整定 PID 控制器参数，都需要在系统实际运行过程中对所得的参数进一步调整和完善。

自动调节系统常用参数整定的临界增益法是在闭环情况下设积分时间 $T_I = \infty$，微分时间 $T_D = 0$，使调节器工作在纯比例情况下，将比例放大倍数 K_P 由小逐渐变大，使系统的输出响应呈现等幅振荡，如图 5-37 所示，记下此时比例放大倍数的临界值 k_{PS} 和振荡周期 T_S。

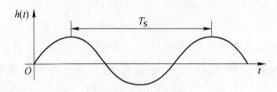

图 5-37　具有周期 T_K 的等幅振荡

根据临界放大倍数 k_{PS} 和振荡周期 T_S，按表 5-3 所示的经验算式，求取调节器各参数的参考值，然后用计算所得的数值来设定调节器各参数，进一步调整直到出现 4：1 的衰减振荡曲线。

表 5-3　经验算式

调节器名称	调节器参数		
	K_P	$T_I(s)$	$T_D(s)$
P	$0.5K_{PS}$		
PI	$0.45K_{PS}$	$T_S/1.2$	
PID	$0.6K_{PS}$	$0.5T_S$	$0.125T_S$

【例 5-7】若一控制系统组成框图如图 5-38 所示，控制器为 PID 调节器，且被控对象传递函数为：

$$G(s) = \frac{1}{s(s+1)(s+5)}$$

试用临界增益法确定 PID 控制器参数 K_P、T_I、T_D 使得超调量不超过 30%。

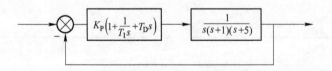

图 5-38　控制系统组成框图

解：设 $T_I = \infty$，$T_D = 0$，在纯比例调节下得到闭环系统传递函数为：

$$\frac{G(s)}{R(s)} = \frac{K_P}{s(s+1)(s+5) + K_P}$$

系统特征方程为：

$$s^3 + 6s^2 + 5s + K_P = 0$$

表达式中各系数为：

$$a_0 = 1,\ a_1 = 6,\ a_2 = 5,\ a_3 = K_P$$

利用古尔维茨稳定判据，可得临界稳定时应满足：

$$a_1 a_2 - a_0 a_3 = 5 \times 6 - K_P = 0$$

因而临界增益为：

$$K_{PS} = 30$$

此时系统的特征方程为：

$$s^3 + 6s^2 + 5s + 30 = 0$$

令 $s = j\omega$，得到：

$$(j\omega)^3 + 6(j\omega)^2 + 5(j\omega) + 30 = 0$$

所以系统持续振荡时的频率为：

$$\omega = \sqrt{5}$$

持续振荡的周期为：

$$T_S = \frac{2\pi}{\omega} = 2.81$$

根据表 5-1，可知参数 K_P、T_I 和 T_D 的值分别为：

$$K_P = 0.6K_{PS} = 18$$
$$T_I = 0.5T_S = 1.408$$
$$T_D = 0.125T_S = 0.35$$

因此，PID 控制器的传递函数为：

$$G(s) = K_P\left(1 + \frac{1}{T_I s} + T_D s\right) = 18 \times \left(1 + \frac{1}{1.408s} + 0.35s\right)$$

用计算所求的 PID 调节器对系统进行调节，可得系统的单位阶跃响应如图 5-39 中曲线①（虚线）所示。可见其超调量很大，不满足超调量的要求，但系统过渡过程曲线呈衰减振荡，属于稳定的系统，根据 PID 调节器的特点，经过进一步对 PID 各参数的调整，最后可得单位阶跃响应如图 5-39 中曲线②（实线）所示，可以看出此时超调量少于30%，满足设计要求。

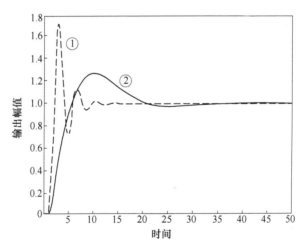

图 5-39　参数整定后系统的单位阶跃响应

临界增益法的优点是应用简单方便。但此法有一定限制：首先要允许被控对象能承受等幅振荡的波动；其次是被控对象应是双容或双容以上的环节；且在寻求等幅振荡曲线过程中，应注意执行机构如控制阀，在出现全开或全关的极端状态下易造成损坏。

衰减曲线法在闭环系统中，先把调节器设置为纯比例作用，然后把比例放大倍数由小逐渐增大，加阶跃扰动观察输出响应的衰减过程，直至出现 4∶1 衰减过程为止。记下此时的比例放大倍数 K_{PS}。相邻两波峰间的距离称为 4∶1 衰减周期 T_S，然后根据比例放大倍数 K_{PS} 和衰减周期 T_S，运用经验公式，就可计算出调节器预整定的参数值。

　　动态特性参数法控制系统处于开环情况下，作广义被控对象控制通道的阶跃响应曲线实验，从曲线上得到延迟时间 τ 和时间常数 T，然后按经验公式计算出对应于衰减率为 4：1时调节器的相关参数。

　　经验凑试法是先将调节器参数放在某些经验的数值上，然后直接在闭环控制系统中作给定值阶跃扰动实验，观察过渡过程曲线，不断调整参数，反复实验，直至衰减比为4：1的过渡过程曲线。

做一做

　　控制系统参数的工程整定
　　已知一液位系统被调对象的传递函数为：

$$G_0(s) = \frac{1}{(s + 2)(s + 5)(s + 0.1)}$$

　　要求超调量不超过30%，试搭建 Simulink 仿真电路，并采用临界增益法分别计算系统在 P 、PI、PID 不同控制器调节下的设定参数，并根据各调节规律特点对 K_P、T_I、T_D 各参数进一步调整直至满足系统控制要求。具体实施要求及步骤见表5-4。

表 5-4　参数整定实施要求及步骤

（1）系统参数整定方法分析
（2）绘制 P 调节器作用下控制系统的仿真电路图
（3）仿真并绘制等幅振荡波形，记录临界参数 K_{PS} 和 T_S
（4）查表并计算 P 调节器作用下的参数，用该参数设置 K_P 并作适当调整直至曲线符合 4：1 衰减要求，记录此时调节器的参数
（5）查表并计算 PI 调节器作用下的参数，搭建 PI 调节器作用下的仿真电路，用计算所得的参数设置，并作适当调整直至曲线符合要求，记录此时 PI 调节器的参数
（6）查表并计算 PID 调节器作用下的参数，搭建 PID 调节器作用下的仿真电路，用计算所得的参数设置，并作适当调整直至曲线符合要求，记录此时 PID 调节器的参数

注意：

　　（1）每改变一次参数都必须重新仿真，才可以看到参数改变之后的结果。
　　（2）为取得较好的显示效果，仿真时间的设定要适当。

读一读

　　自动控制系统的投运
　　控制系统的投运步骤如下：

　　（1）检查与控制回路有关的导压管、电路接线是否正确，如导压管有无漏或堵的现象；对于电路首先应检查绝缘电阻及接地是否合乎要求，供电电源是否正常，各接线是否正确，熔丝是否合乎规定；检查测量元器件及变送器的输出信号是否正常，执行器的工作状态如何，能否正常的开关调节阀门，阀位信号是否正确。

　　（2）对于单控制回路，先把控制器的给定置于内给定，给定值调至预定的数值；正、反作用按要求放正确，比例度放至预定值，积分放至最大、微分放至零，为了便于整定控制器参数，比例度可以适当放大一些。

　　（3）先手动操作，这里的手动操作是指在控制器上进行操作，即遥控调节阀门，手动操作到工况稳定后，再由手动切换至自动，手动和自动之间的切换，要求平稳而迅速地进行，即应该是无扰切换，也就是应该让自动电流很好地跟踪手动电流，而且在切换前后，控制器的输出应保持不变，以避免产生人为的干扰。

（4）切换至自动后，应根据实际情况进行 K_P、T_I、T_D 参数的整定，直到被调工艺参数满足要求为止；对于有自整定或人工智能的控制器，可直接试投自整定。投入自动后应勤观察系统的动态，直至一切正常。

5.3 项 目 实 施

"双容液位控制系统投运和工程调试"项目任务单见表5-5。

表5-5 "双容液位控制系统投运和工程调试"项目任务单

编制部门：_____ 编制人：_____ 编制日期：_____

项目编号	5	项目名称	双容液位系统的投运与工程调试	完成工时	4
项目所含知识技能	（1）能理解和掌握系统校正的基本原理和方法； （2）能识读控制系统的原理图和接线图； （3）能正确选择调节器（校正装置）； （4）能安装、检测、校准控制系统各组件； （5）能按安全操作规程对液位控制系统进行简单投运； （6）了解参数设置方法，能对液位控制系统进行工程参数的整定； （7）能对控制系统常见故障进行简单排故				
任务要求	（1）分析下水箱液位控制系统结构组成及工作原理； （2）安装并检测液位系统各组件； （3）根据液位系统接线图装接整个控制系统回路； （4）对液位变送器进行调零和校准； （5）按"先手动后自动"的操作步骤投运液位控制系统； （6）会选择PID调节器类型，并对PID调节器参数进行合理设置； （7）对系统投运过程中常见的故障进行分析和排故				
材料	（1）项目任务单； （2）过程控制实训工作台； （3）设备数据查询手册及操作资料				
提交成果	（1）液位控制系统控制组成及原理分析； （2）原理图、方框图、安装接线图； （3）设备清单； （4）检测调试结果； （5）项目总结报告				

项目实施内容及过程

1. 双容液位控制系统的控制要求分析

图5-1为双容水箱液位控制系统。这是一个单回路控制系统，由两个水箱相串联，控

制的目的既要使下水箱的液位高度等于给定值所期望的值，又要具有减少或消除来自系统内部或外部扰动的影响。显然，这种反馈控制系统的性能主要取决于调节器的结构和参数的合理选择。由于双容水箱的数学模型是二阶的，对于阶跃输入信号，这种系统用比例（P）调节器去控制，系统有余差；若用比例积分（PI）调节器去控制，不仅可实现无余差，而且只要调节器的参数 K_P 和 T_I 选择得合理，还能使系统具有良好的动态性能。

比例积分微分（PID）调节器是在 PI 调节器的基础上再引入微分 D 的控制作用，从而使系统既没有余差存在，又使其动态性能进一步得到改善。当然实际工程中，一般对一些具有滞后特性的温度控制系统才会加微分作用。

2. 实验设备清单

本项目所需的设备清单列于表 5-6 中，其中型号一栏根据实际选用的自行填写。

表 5-6　本项目所需的设备清单

所需设备	数　量	型　号	作　用

3. 双容水箱液位控制系统方框图

4. 双容液位控制系统的投运与工程调试

（1）比例（P）调节器控制。

1）按图 5-1 所示，将系统接成单回路反馈控制系统。其中被控对象是下水箱，被控制量是下水箱的液位高度 h_2。

2）启动工艺流程并开启相关的仪器，调整液位变送器输出的零点与增益。

3）在老师的指导下启动计算机监控系统，为记录过渡过程曲线做好准备。

4）在开环状态下，利用调节器的手动操作开关把被控制量调到等于给定值（一般把液位高度控制在水箱高度的 50% 点处）。

5）观察计算机显示屏上的曲线，待被调参数基本达到给定值后，即可将调节器切换到纯比例自动工作状态（积分时间常数设置于最大，积分、微分作用的开关都处于"关"的位置，比例度 δ（比例放大倍数 K_P 的倒数）设置于某一中间值，"正-反"开关拨到"反"的位置，调节器的"手动"开关拨到"自动"位置），让系统投入闭环运行。

6）待系统稳定后，对系统加扰动信号（在纯比例的基础上加扰动，一般可通过改变设定值实现）。记录曲线在经过几次波动稳定下来后，系统有稳态误差，并记录余差大小于表 5-7 中。

7）减小 δ，重复步骤 6），观察过渡过程曲线，并记录余差大小。

8）增大 δ，重复步骤 6），观察过渡过程曲线，并记录余差大小。

9）选择合适的 δ 值就可以得到比较满意的过程控制曲线。

注意：每当做完一次试验后，必须待系统稳定后再做另一次试验，见表 5-7。

表 5-7 不同 δ 时的余差 e_{ss}

比例度 δ	大	中	小
余差 e_{ss}			

（2）比例积分调节器（PI）控制。

1）在比例调节实验的基础上，加入积分作用（即把积分器"I"由最大处旋至中间某一位置，并把积分开关置于"开"的位置），观察被控制量是否能回到设定值，以验证在 PI 控制下，系统对阶跃扰动无余差存在。

2）固定比例度 δ 值（中等大小），改变 PI 调节器的积分时间常数值 T_I，然后观察加阶跃扰动后被调量的输出波形，并记录不同 T_I 值时系统进入稳态的调节时间。

δ 值不变、不同 T_I 值时的调节时间见表 5-8。

表 5-8 δ 值不变、不同 T_I 值时的调节时间

积分时间常数 T_I	大	中	小
调节时间 t_S			

3）固定积分时间 T_I 于某一中间值，然后改变 δ 的大小，观察加扰动后被调量输出的动态波形，并列表记录不同 δ 值下系统超调量的大小。

T_I 值不变、不同 δ 值下的超调量见表 5-9。

表 5-9 T_I 值不变、不同 δ 值下的超调量

比例度 δ	大	中	小
超调量大小			

4）选择合适的 δ 和 T_I 值，使系统对阶跃扰动输入的输出响应为一条较满意的过渡过程曲线，并记录于表 5-10 中。此曲线可通过增大设定值（如设定值由 50%变为 60%）来获得。

表 5-10 阶跃扰动下的过渡过程曲线

过渡过程曲线	PI 调节器参数

（3）比例积分微分调节器（PID）控制。

1）在 PI 调节器控制实验的基础上，再引入适量的微分作用，即把 D 打开。然后加上与前面实验幅值完全相等的扰动，记录系统被控制量响应的动态曲线，并与实验步骤（2）所得的曲线相比较，由此可看到微分 D 对系统性能的影响。

2）选择合适的 δ、T_I 和 T_D，使系统的输出响应为一条较满意的过渡过程曲线（阶跃输入可由给定值从 50% 突变至 60% 来实现），并记录于表 5-11 中。

表 5-11　阶跃扰动下的过渡过程曲线

过渡过程曲线	PID 调节器参数

（4）临界增益法整定调节器的参数。

1）待系统稳定后，将调节器置于纯比例 P 控制。逐步减小调节器的比例度 δ，并且每次减小比例度 δ，待被调量回复到平衡状态后，再手动给系统施加一个 5%～15% 的阶跃扰动，观察被调量变化的动态过程。若被调量为衰减的振荡曲线，则应继续减小比例度 δ，直到输出响应曲线呈现等幅振荡为止。如果响应曲线出现发散振荡，则表示比例度 δ 调节得过小，应适当增大，使之出现图 5-41 所示的等幅振荡。图 5-40 为液位控制系统的方框图。

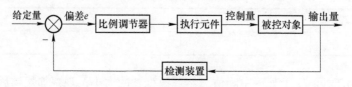

图 5-40　具有比例调节器的闭环系统

2）在图 5-41 所示的系统中，当被调量为等幅振荡时，此时的比例度 δ 就是临界比例度 δ_s，相应的振荡周期就是临界周期 T_S。据此，按表 5-3 所列出的经验数据确定 PID 调节器的三个参数 K_P、T_I 和 T_D。

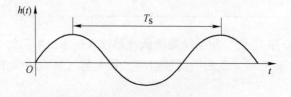

图 5-41　具有周期 T_K 的等幅振荡

3）必须指出，表格中给出的参数值是对调节器参数的一个粗略设计，因为它是根据大量实验而得出的结论。若要获得更满意的动态过程（例如：在阶跃信号作用下，被调参量作 4：1 的衰减振荡），则要在表格给出参数的基础上，对 K_P、T_I（或 T_D）做适当调整，并记录最终曲线与 PID 调节器的参数于表 5-12 中。

表 5-12 整定后的液位输出曲线

输出曲线	PID 调节器参数

注意:

（1）实验线路接好后，必须经指导老师检查认可后方可接通电源。

（2）水泵启动前，出水阀门应关闭，待水泵启动后，再逐渐开启出水阀，直至某一适当开度。

（3）在老师的指导下，开启单片机控制屏和计算机系统。

5.4 项 目 评 价

根据表 5-13 项目验收单完成对本项目的评价。

表 5-13 "双容液位控制系统投运和工程调试"项目验收单

项目名称：＿＿＿＿＿＿＿＿ 项目成员：＿＿＿＿＿＿＿＿

姓名			学号		班级			
					专业			
评分内容		配分	评分标准		得分			失分原因分析
					自评	互评	教师评价	
Ⅰ 前期准备	方案分析	15	项目内容是否预习，方案分析是否正确、电路图绘制正确性					
	设备选型	10	设备选型合理性					
Ⅱ 操作技能	线路搭建、设备参数设置	15	线路连接是否符合要求					
			设备参数设置是否恰当					
			安全操作是否规范					
	数据、曲线测绘	15	测量方法正确性					
			测量中读数方法是否正确					
			数据、曲线记录正确性					
Ⅲ 知识运用能力	调试结果分析处理	25	调试结果分析是否正确					
			调试结果分析是否全面					
			故障问题能否排除					
Ⅳ 职业精神	课堂表现	10	劳动纪律、团队协作、工作责任意识等					
	按时完成	5	是否按时完成项目任务					
	结束工作	5	实验完成后现场5S清理					
评分因子					0.2	0.2	0.6	
总得分				评分日期				

5.5　知　识　拓　展

读一读

MATLAB 工具箱 Sisotool 在控制系统校正中的应用

Sisotool 设计工具是 MATLAB 中的一个图形化设计工具，可用来分析和调整单输入单输出的反馈控制系统。它是 MATLAB 控制系统工具箱中的子工具箱，能用开环系统伯德图进行控制系统校正器的设计。由于它采用了图形用户界面，摒弃了以往在命令行方式下需记忆大量的操作命令，用户无须从键盘输入许多操作命令，只需导入系统各个环节的模型后就能自动显示伯德图和闭环系统特征根的变化轨迹即根轨迹图，用鼠标可以直接对屏幕上的对象进行操作，并且利用与 Sisotool 动态连接的可视分析工具 LTI Viewer，可以同步显示设计结果，这样用户可以一边看闭环响应，一边调整控制器的增益、极点和零点，直到设计出满足要求的控制器为止，从而实现了经典控制系统的设计与仿真的可视化操作。因此 Sisotool 工具箱为控制系统校正器的设计提供了强大的设计功能，通过该工具箱可以方便、快捷地实现控制系统校正器的设计与仿真。

Sisotool 工具箱用于设计校正器的常用系统结构如图 5-42 所示，其中 C 是补偿器，G 是被控对象或系统，H 是检测变送器，F 是滤波器。

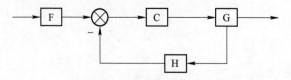

图 5-42　系统结构图

在许多控制系统校正器的设计过程中，都涉及伯德图的绘制和校正器参数的设定，单独靠人工推算完成，过程烦琐且复杂，如果采用 Sisotool 工具箱，那么对控制系统校正器的设计将变得非常容易了。下面通过一个示例来说明如何使用 Sisotool 工具箱实现校正器的设计。

设有一单位负反馈系统，其开环传递函数为：

$$G(s) = \frac{10}{s(s+1)(s+2)}$$

试设计一个校正器，使系统满足下列指标：相位裕量不低于 50°，幅值裕量不小于 10dB。

首先启动 MATLAB，在 MATLAB 工作空间输入下列语句：

≫ G=tf(10,[1,3,2,0])

然后在 MATLAB 工作空间中键入 Sisotool，启动 Sisotool 操作环境，显示图 5-43 所示的操作界面。默认窗口的左侧是根轨迹的设计画面，右侧为伯德图的设计画面。本例主要采用伯德图的设计方法。

单击菜单 File→Import，弹出 Import System Data 对话框。在 SISO Models 列表框中选

中 G，再单击中间部分的第一个箭头图标→，导入系统 G，然后单击 "OK" 按钮确认，这时窗口中将显示该系统的开环伯德图，右下角显示幅值裕量为 −4.44dB，相位裕量为 −13°，如图 5-44 所示，显然该闭环系统不稳定，需要进行校正。

校正器的设计相对来说是比较简便的。首先单击菜单 Compensators 项，从它的下拉菜单中选中 Edit，再选择 Edit 的子项 C，这时会弹出校正器编辑对话框，如图 5-45 所示。通过添加零、极点来补偿系统的性能指标。具体做法是：单击 Add Real Zero 或 Add Real Pole 来添加零、极点，在左侧根轨迹图中会显示补偿器的零、极点，其中零点用红色○表示，极点用红色×表示，拖动相应图标改变补偿器零、极点大小，并观察系统的幅值裕量和相位裕量的数值变化情况，直到这些数值满足控制系统的设计要求为止，这时在 "Current Compensator" 区所显示的传递函数就是校正器的传递函数。本例中校正器的零点为 −1，极点为 −6，增益为 0.247，得到的幅值裕量为 16.2dB，相位裕量为 51.7°，如图 5-46 所示，很显然，系统经过校正后满足设计要求。

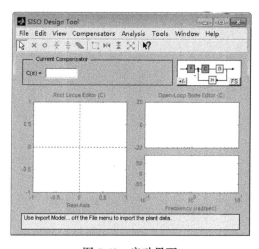

图 5-43　启动界面

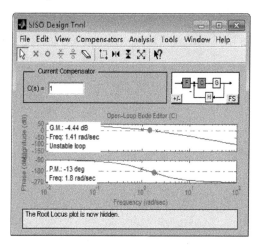

图 5-44　校正前开环系统伯德图

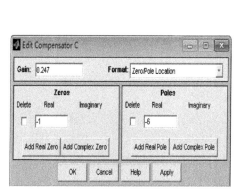

图 5-45　校正器编辑对话框

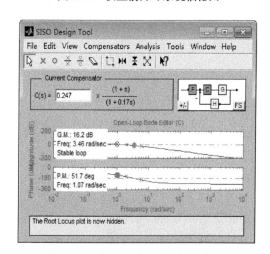

图 5-46　校正后开环系统的伯德图

在设计校正器时还可以设置有关约束条件，例如阻尼比、自然频率、超调量、幅值裕度和相位裕量等，设计后不仅可以显示系统的频率特性，还可以显示校正后闭环系统的阶跃响应。

　　单击菜单 Analysis 项，从下拉的菜单项中选择 Responses to Step Command，从弹出的 LTI Viewer for SISO Design Tool 窗口中可以看到控制系统的阶跃响应曲线。在图像上单击鼠标右键，从弹出的快捷菜单中选择 Characteristics 特性选项，可以分别选择峰值、调节时间、上升时间、稳态值，这时会在图形上显示相应的蓝色圆点，将鼠标移到这些点上，单击这些点就会显示相应的系统时域指标。本系统加入校正前后的阶跃响应曲线分别如图 5-47 （a） 和 （b） 所示。

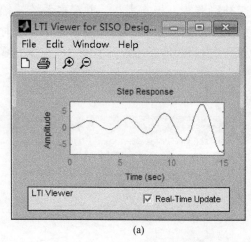
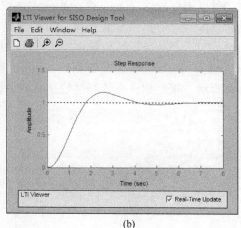

(a)　　　　　　　　　　　　　　　　　　(b)

图 5-47　阶跃响应曲线
（a）校正前；（b）校正后

　　可见，MATLAB 的 Sistool 工具箱允许用户用频率法设计经典控制系统，在缺省方式下，"SISO Design Tool" 的窗口可同时显示系统的多个特性图，并且这些图形是动态连接的，通过拖动就很方便修改补偿器的任意参数，且会关联到其他图形也同时发生相应的变化。可视工具 Sisotool 集成了控制系统工具箱的大部分功能，由于它采用图形用户界面，大大减少设计的复杂性和重复性，使控制系统的设计变得更加简便、直观，也给控制系统的设计带来更高的效率和更好的质量。

5.6　项目小结

　　系统校正是在原有的系统中，有目的地增添一些装置或部件，人为地改变系统的结构和参数，使系统的性能得到改善，以满足所要求的性能指标。

　　系统校正方式有串级校正、反馈校正和复合校正方式；校正装置分为有源和无源两大类，无源校正装置的优点是结构简单，成本低廉，但其本身没有增益，且输入阻抗较低，输出阻抗高。有源校正装置本身有增益，且输入阻抗较高，输出阻抗低，参数调整方便，缺点是装置较复杂，且需要外加电源。

　　串联校正是系统设计中常见的方法，根据校正环节对系统开环频率特性相位的影响，主要分超前校正、滞后校正和超前-滞后校正设计三种。它们都是根据系统提出的稳态和动态频域性能指标要求，设计校正装置，并串联在前向通道中达到改善原有系统性能的目的。其校正的实质是通过适当选择校正装置，改变原有系统的开环对数频率特性形状，使校正后系统频率特性能满足性能指标要求。

PID 控制器是最常见的有源校正装置，它由比例单元、微分单元和积分单元组合而成，可以实现各种要求的控制规律，被广泛应用于工业过程控制和工业自动化的各个领域。

比例（P）校正器，若降低增益可使系统的稳定性改善，但会造成系统的稳态精度变差。

比例微分（PD）校正即相位超前校正，利用超前角提高了系统的相角裕量，使系统的稳定性和快速性改善，但系统的抗高频干扰能力下降。常用于系统稳态性能已经满足，而暂态性能差的系统。

比例积分（PI）校正即相位滞后校正，利用高频幅值衰减降低穿越频率，提高系统相角裕量，或相角裕量不变时增大系统稳态误差系数，从而提高了系统的型别，使系统的稳态误差减小，改善了系统的稳态性能。适用于对系统稳态精度要求高的场合。

PID 校正器引入相位超前校正可以扩大系统频带宽度，提高系统的快速性和增加稳定裕量；而引入相位滞后校正可以提高系统的稳态精度和改善系统稳定性。

Sisotool 是 MATLAB 中一个图形化设计工具，利用它可以方便地实现动态系统建模、仿真与综合分析，是控制系统分析计算与仿真的高效工具。

5.7　习　题

1. 填空题

（1）系统校正是指在原有系统中，有目的的添加一些＿＿＿＿＿＿＿＿。人为地改变系统的＿＿＿＿＿＿＿＿，使系统的性能得到改善，以满足所要求的性能指标。校正的实质是＿＿＿＿＿＿＿＿＿＿＿＿＿＿。

（2）系统校正方式有＿＿＿＿＿＿＿＿＿＿校正、＿＿＿＿＿＿＿＿＿＿校正和＿＿＿＿＿＿＿＿＿＿校正方式。

（3）根据校正环节对系统开环频率特性相位的影响，串联校正主要分＿＿＿＿＿＿＿＿校正、＿＿＿＿＿＿＿＿校正和＿＿＿＿＿＿＿＿校正。

（4）超前校正是指＿＿＿＿＿＿＿＿＿＿＿＿＿＿＿＿＿＿＿＿＿＿；它主要是用于改善稳定性和＿＿＿＿＿＿＿＿。

（5）滞后校正是指＿＿＿＿＿＿＿＿＿＿＿＿＿＿＿＿＿＿＿＿，它是利用校正后的＿＿＿＿＿＿＿＿作用使系统稳定的。

（6）系统的工程整定是指＿＿＿＿＿＿＿＿＿＿＿＿＿＿＿＿＿＿＿＿＿，常用的整定方法有＿＿＿＿＿＿＿＿＿＿＿＿＿＿＿＿＿＿。

2. 选择题

（1）在系统中串联的 PI 调节器，是属于一种（　　　）。

    A. 有源超前校正装置　　　　　　　　B. 有源滞后校正装置

　　　　C. 无源滞后校正装置　　　　　　　　D. 无源超前校正装置

　　(2) 若已知某串联校正装置的传递函数为 $G_c(s) = \dfrac{s+1}{0.2s+1}$，则它是一种 (　　)。

　　　　A. 相位超前校正　　　　　　　　　　B. 相位滞后校正
　　　　C. 相位滞后—超前校正　　　　　　　D. 反馈校正

　　(3) 串联超前校正的主要作用是 (　　)。
　　　　A. 减小系统的相位裕量　　　　　　　B. 增大系统的相位裕量
　　　　C. 提高系统稳态精度　　　　　　　　D. 减小系统反应速度

　　(4) 进行串联超前校正后，校正前的穿越频率 ω_c 与校正后的穿越频率 ω_c' 之间的关系，通常是 (　　)。
　　　　A. $\omega_c = \omega_c'$　　　　B. $\omega_c > \omega_c'$　　　　C. $\omega_c < \omega_c'$　　　　D. 与 ω_c、ω_c' 无关

　　(5) 已知超前校正装置的传递函数为 $G_c(s) = \dfrac{2s+1}{4.5s+1}$，其最大超前角所对应的频率 ω_m 为 (　　)。
　　　　A. 3　　　　　　　　B. 1/3　　　　　　　　C. 2　　　　　　　　D. 30

　　(6) 串联滞后校正的主要作用是 (　　)。
　　　　A 增大系统带宽　　　　　　　　　　B. 减小系统的相位裕量
　　　　C. 提高系统稳态精度　　　　　　　　D. 提高系统反应速度

　　(7) 常用的比例、积分与微分控制规律的另一种表示方法是 (　　)。
　　　　A. PDI　　　　　　　B. DPI　　　　　　　C. IPD　　　　　　　D. PID

　　(8) 若已知某串联校正装置的传递函数为 $G_c(s) = 5/s$，则它是一种 (　　)。
　　　　A. 相位滞后校正　　　B. 相位超前校正　　　C. 微分调节器　　　D. 积分调节器

　　(9) 在对控制系统稳态精度无明确要求时，为提高系统的稳定性，最方便的是(　　)
　　　　A. 减小增益　　　　　B. 超前校正　　　　　C. 滞后校正　　　D. 滞后-超前

　　(10) 下面有关 PID 调节器的说法错误的是 (　　)。
　　　A. 扩大系统频带宽度　　　　　　　　B. 工业中尽量把 PID 调节器的三个单元用全
　　　C. 提高系统稳态精度　　　　　　　　D. 提高系统的快速性和相位裕量

3. 分析计算题

　　(1) 设开环传递函数：

$$G(s) = \frac{k}{s(0.1s+1)(0.001s+1)}$$

单位斜坡输入 $R(t) = t$，输入产生稳态误差 $e \leqslant 0.001$。若使校正后相位裕量 γ 不低于 45°，试设计超前校正系统。

　　(2) 为满足要求的稳态性能指标，一单位反馈伺服系统的开环传递函数为：

$$G(s) = \frac{200}{s(0.1s+1)}$$

试设计一个无源校正网络，使已校正系统的相位裕量不小于 45°，截止频率不低

于 50。

　　（3）设单位反馈系统的开环传递函数：

$$G(s) = \frac{k}{s(s+1)(0.5s+1)}$$

试设计串联滞后校正装置，满足 $k = 5\text{s}^{-1}$，相位裕量 $\gamma \geqslant 40°$，幅值裕量 $K_g \geqslant 10\text{dB}$。

　　（4）图 5-48 所示为一个飞船控制系统的方块图。为了使相位裕量等于 50°，试确定增益 K。在这种情况下，增益裕量是多大？

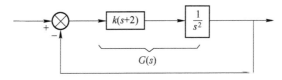

图 5-48　飞船控制系统的方块图

　　（5）若一个系统由校正装置和被控对象两部分组成，被调对象的对数幅频特性如图 5-49 所示。

　　1）写出被调对象的传递函数。

　　2）近似绘制被调对象的相频特性，并估算该对象的幅值裕量和相位裕量分别为多少？

　　3）要使整个系统的相位裕量不小于 40°，幅值裕量不小于 10dB，截止频率不小于 2.3rad/s，试设计串联校正装置来实现。

　　4）绘制校正后系统的伯德图，并对其性能进行验证。

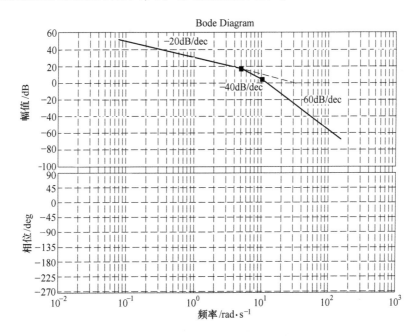

图 5-49　被调对象对数幅频特性曲线

附　录

附录 A　液位控制系统技术手册

1. 差压式液位变送器

在工业生产过程中，液位测量具有重要的地位，是保证生产连续性和设备安全性的重要参数。液位测量与测量范围、测量精度要求、运行环境、实际工艺等条件紧密相关，测量仪表的种类也很多，按工作原理分主要有压力式、浮力式、电气式、雷达式等几种类型，其中差压式液位变送器如图 A-1 所示，它是根据压力与液位高度成比例的原理工作的，测量范围广、精度高、稳定性好、调整方便，适合液体黏度小、流动性强、不易黏接等物位的测量，被广泛用于石油、化工、冶金、电力、医药和食品等行业的物料测量与控制。

图 A-1　差压式液位变送器外形图

差压式液位变送器是利用容器内的液位改变时，由液柱产生的静压也相应产生变化的原理工作的。通常被测介质的密度是已知的，差压变送器测得的差压与液位高度成正比，这样就把测量液位高度转换为测量差压的问题。当被测容器是敞口的，气相压力为大气压时，只需将差压变送器的负压室通大气即可。若不需要远传信号，也可以在容器底部安装压力表，根据压力 P 与液位 H 成正比的关系，可直接在压力表上按液位进行刻度。

由于差压变送器的测量膜片和传感器之间充有液态导压介质（硅油），当变送器位置发生变化时，硅油对传感器的压力会发生变化，导致零位改变。因此液位变送器通常在安装完成后需要进行调零操作，尤其是带毛细管的液位变送器。

差压变送器的安装很重要，将直接影响到测量的准确性和仪表的使用寿命。在安装时其高度通常不应高于被测容器液位取压接口的下接口标高。安装位置应易于维护，便于观察，且靠近取压部件的位置。差压变送器应垂直安装，保持"+""−"压室标高一致。差压液位计的"+"压室应与工艺容器的下接口相连，"−"压室与上接口相连。如果被测介质为低沸点介质（如液氨），该介质在环境温度下极易汽化，为了使输出信号和示值稳定，测量管道不宜过短，且变送器安装位置应处在被测容器液位的下取压接口。

一般的差压变送器在使用之前需进行校准，一般先将阻尼调至零状态，先调零点，然后加满度压力后调整满量程，使输出为 20mA。零点和满量程调校正常后，再检查中间各刻度，看其是否超差，必要时再进行微调。

为了使差压液位变送器的测量更加准确，在使用差压液位变送器时，应做到以下事项。

（1）差压液位变送器上的电压不能高于 36V，否则会导致变送器损坏。

（2）差压液位变送器的膜片不能用硬物碰触，否则会导致隔离膜片损坏。

（3）差压液位变送器测量的介质不允许结冰，否则将损伤变送器元件隔离膜片，导致变送器损坏，必要时需对变送器进行温度保护，以防结冰。

（4）测量蒸汽或其他高温介质时，应使用散热管，使变送器和管道连在一起，并使用管道上的压力传至变压器。当被测介质为水蒸气时，散热管中要注入适量的水，以防过热蒸汽直接与变送器接触，损坏变送器，阀门应该缓慢，以免被测介质或管道中沉积物直接冲击变送器膜片，从而损坏膜片。

2. 智能控制器

控制器是任何一个控制系统都离不开的核心部件，其作用是将变压器送来的测量信号与给定信号进行比较，然后将其偏差信号进行 PID 运算，输出 4~20mA 电流或 1~5V 电压信号，最后通过执行器，实现对被控变量的自动控制。而智能控制器设备除能实现 PID 运算外，还具有手自动无扰动切换、齐全的输出模式、与上位机通信以及人工智能控制等强大功能，以适应生产过程自动控制的需要。

如厦门宇光 AI 通用型智能控制器，它具有人性化设计、通用性强、技术成熟可靠、操作方法、简单易学等特点。该控制器主要由中央处理器 CPU、只读存储器 ROM、随机存储器 RAM、输入输出通道、报警和通信等模块组成。下面主要以 AI 通用智能控制器为例介绍其主要操作使用方法。

AI 智能控制器的操作面板如图 A-2 所示，通过操作按键可进行输入规格选择、测量范围设定、正反作用、手自动运行状态、控制方式选择、PID 参数及上、下限报警等参数设置等基本操作。

在面板的 7 个指示灯中，MAN 灯灭表示自动控制状态，亮表示手动输出状态；PRG 表示仪表处于程序控制状态；MIO、OP1、OP2、AL1、AL2、AU1、AU2 等分别对应模块输入输出动作；COM 灯亮表示正与上位机进行通信。

通过智能控制器的面板可进行如下操作：

（1）按设置键可以切换不同的显示状态，各种切换显示如图 A-3 所示。AI-808 控制器可在①、②两种状态下切换，AI-708P 控制器可在①、③、④等三种状态下切换，AI-808P 控制器可在①、②、③、④等四种状态下切换，AI-708 控制器只有显示状态①，无须切换。

（2）修改数据：如果参数锁没有锁上，仪表下显示窗显示的数值除 AI-808/808P 的自动输出值及 AI-708P/808P 的已运行时间和给定值不可直接修改外，其余数据均可通过按〈左键或 ⌃上键和⌄下键来修改显示窗口显示的数值。例如：需要设置给定值时（AI-708/808 型），可将仪表切换到显示状态①，即可通过按上、下或左键来修改给定值。AI

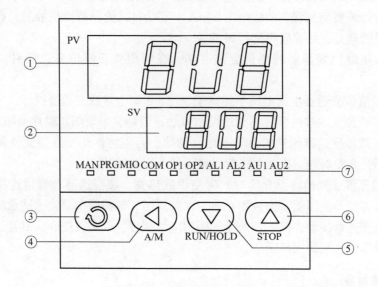

图 A-2　AI 智能控制器面板图

①—上显示窗；②—下显示窗；③—设置键；④—数据移位（兼手动/自动切换）；
⑤—数据减少键；⑥—数据增加键；⑦—LED 指示灯

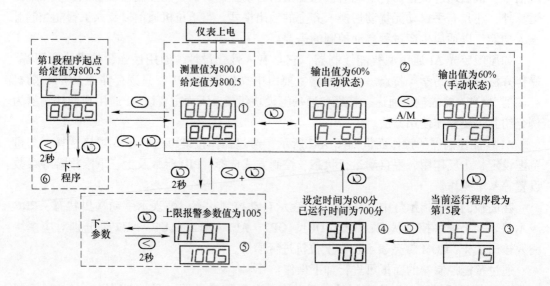

图 A-3　AI 智能控制器显示切换操作说明

仪表同时具备数据快速增减和小数点移位。按 ﹀ 键减小数据，按 ︿ 键增加数据，可修改数值位的小数点同时闪动（如同光标）。按键并保持不放，可以快速地增加/减少数值，并且速度会随小数点右移自动加快。而按 〈 左键则可直接移动修改数据的位置（光标），操作快捷。

（3）设置参数：在基本状态（显示状态①或②）下按设置键并保持约 2s，即进入参数设置状态（显示状态⑤）。在参数设置状态下按设置键，仪表将依次显示各参数，例如上限报警值 HIAL、参数锁 Loc 等，对于配置好并锁上参数锁的仪表，只出现操作工需要用到的参数（现场参数）。用 ⌃ 、⌄ 等键可修改参数值。按 〈 左键并保持不放，可返回显示上一参数。先按 〈 左键不放，接着再按设置键即可退出设置参数状态。如果没有按键操作，约 30s 后也会自动退出设置参数状态。如果参数被锁上，则只能显示被 EP 参数定义的现场参数（可由用户定义的，工作现场经常需要使用的参数及程序），而无法看到其他的参数。不过，至少能看到 Loc 数字显示出来。

AI 系列仪表若采用人工智能控制方式，则是采用模糊规则进行 PID 控制的一种新算法，在误差大时，运用模糊算法进行控制，以消除 PID 积分饱和现象，当误差趋小时，采用改进后的 PID 算法进行控制，并能在控制中自动学习和记忆被控对象的部分特征以使效果最优化，具有无超调、高精度、参数确定简单，对复杂对象也可获得较好的控制效果等特点，其整体控制效果比一般 PID 算法更优越。有些智能控制器还具备参数自整定功能，来协助整定控制器参数，且具备与上位机进行通信功能，给控制系统带来更大的灵活性和方便性。

3. 变频器

变频器是应用变频技术与微电子技术，通过改变电机工作电源频率方式来控制交流电动机的电力控制设备。变频器主要由整流、滤波、逆变（直流变交流）、制动单元、驱动单元、检测单元和微处理单元等组成。变频器是靠内部电力半导体器件的开断来调整输出电源的电压和频率，根据电机的实际需要来提供其所需要的电源电压，进而达到节能、调速的目的，另外，变频器还有很多的保护功能，如过流、过压、过载保护等。对于原来使用交流传动但不能调速的领域，通过采用变频调速系统，不仅具有良好的调速性能，而且大大节约能源。此外，变频器使用方便，操作便捷，因而在冶金、化工、纺织、交通运输、民用等领域得到广泛应用。

目前，国内外变频器的种类很多，分类的方式也很多样，如按用途可以分为通用变频器、高性能专用变频器、高频变频器；按相数可分为单相变频器和三相变频器等，下面主要以三菱 FR 型通用变频器为例介绍其操作使用方法。

三菱 FR 型通用变频器的操作面板如图 A-4 所示。

通过面板上的按键操作，可进行变频器运行、频率的设定、运行指令监视、操作模式的选择及故障代码的显示等。具体操作流程如图 A-5 所示。

变频器在运行期间出现故障时，其 LED 一般会显示一个故障代码，可根据该故障代码查看变频器的说明书，查询其故障信息，从而给分析故障产生的原因和排除变频器故障带来很大的便利。

在对变频器进行日常维护时，要注意必须保证设备总电源全部切断，并且在变频器显示完全消失的 3~30min（根据变频器的功率）后再进行。应注意检查电网电压，改善变频器、电机及线路的周边环境，定期清除变频器内部灰尘，通过加强设备管理最大限度地降低变频器的故障率。

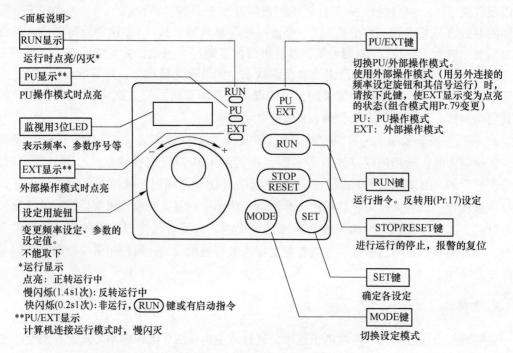

图 A-4　变频器的操作面板

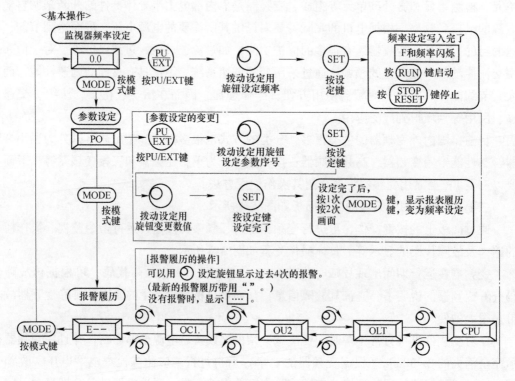

图 A-5　变频器的基本操作流程

附录 B　常用 MATLAB 命令与函数

函　数　名	功　能　说　明
abs	求绝对值或复数幅值
acos	计算反余弦
acot	计算反余切
angle	计算相角
ans	表达式计算结果的缺省变量名
atan	反正切
axis	设定坐标轴的范围
bode	绘制伯德图
box	框状坐标轴
break	while 或 for 环中断指令
cd	指定当前目录
clc	清除命令窗口显示
clear	删除内存中的变量和函数
conv	多项式乘、卷积
cos	余弦
cot	余切
demo	Matlab 演示
det	计算矩阵行列式
diag	矩阵对角元素提取、创建对角阵
diff	数值差分、微分计算
dir	目录列表
disp	显示数组
dos	执行 DOS 指令并返回结果
double	把其他类型对象转换为双精度数值
echo	M 文件被执行指令的显示
edit	启动 M 文件编辑器
eig	求特征值和特征向量
eigs	求指定的几个特征值
end	控制流 FOR 等结构体的结尾元素下标
error	显示出错信息并中断执行
erf	误差函数
exit	退出 Matlab 环境
exp	指数函数
eye	单位阵

续附表

函　数　名	功　能　说　明
factor	符号计算的因式分解
feedback	反馈连接
figure	创建图形窗
format	设置输出格式
global	定义全局变量
gray	黑白灰度
grid	划分格线
gtext	在鼠标指定位置添加注释说明
guide	启动图形用户界面交互设计工具
help	在线帮助
hold on	当前图形保持
hold off	取消当前图形保持
i	j 缺省的"虚单元"变量，即 $\sqrt{-1}$
ilaplace	Laplace 反变换
imag	复数虚部
Impulse	计算系统的单位脉冲响应
Initial	计算系统的零输入响应
inf	无穷大
input	提示用户输入
int	积分运算
inv	求矩阵逆运算
laplace	Laplace 变换
legend	图形图例
limit	计算极限值
line	创建线对象
ln	矩阵自然对数
load	从 MAT 文件读取变量
log	自然对数
log10	常用对数
log2	底为 2 的对数
margin	从频域响应中求稳定裕度及穿越频率和交接频率
max	找向量中最大元素
mean	求向量元素的平均值
min	找向量中最小元素
mod	模运算
NaN	表示不定式

续附表

函　数　名	功　能　说　明
nquist	绘制奈奎斯特曲线
ode23	微分方程低阶数值解法
ode45	微分方程高阶数值解法
parallel	求两个系统并联等效传递函数
path	设置 MATLAB 搜索路径的指令
pause	暂停
pi	（预定义变量）圆周率
pie	二维饼图
plot	平面线图
polar	极坐标图
poly	求矩阵的特征多项式、根集对应的多项式
pzmap	绘制系统的零、极点图
print	打印图形或 SIMULINK 模型
quit	退出 MATLAB 环境
rand	产生均匀分布随机数
rank	矩阵的秩
real	复数的实部
rectangle	画"长方框"
return	返回
rlocus	计算根轨迹
roots	求多项式的根
round	向最近整数圆整
save	把内存变量保存为文件
semilogx	X 轴对数刻度坐标图
semilogy	Y 轴对数刻度坐标图
series	求串联连接等效传递函数
sign	根据符号取值函数
simulink	启动 SIMULINK 模块库浏览器
sin	正弦
solve	求代数方程的解
sqrt	平方根
step	阶跃响应指令
sum	元素和
tan	正切
text	文字注释
tf	创建传递函数对象

续附表

函　数　名	功　能　说　明
tf2zp	将传递函数模型转换成零极点模型
tic	启动计时器
title	在图形中添加标题
toc	关闭计时器
type	显示 M 文件
tzero	求传递函数零点
warning	显示警告信息
what	列出当前目录上的文件
which	确定函数、文件的位置
while	循环控制语句
who	列出内存中的变量名
whos	列出内存中变量的详细信息
workspace	启动内存浏览器
xlabel	在图形中添加 X 轴坐标说明
xor	或非逻辑
ylabel	在图形中添加 y 轴坐标说明
zeros	生成全零矩阵
zoom	图形的变焦放大和缩小
zp2tf	将零极点模型转换成传递函数模型
zpk	产生零极点传递函数

附录 C　项目报告的一般格式、内容及要求

专业：＿＿＿＿＿＿　班　级：＿＿＿＿＿＿
学号：＿＿＿＿＿＿　项目名称：＿＿＿＿＿＿

一、项目实施目的

二、项目设备选型

1. 仪器仪表名称和型号；
2. 所用到的元器件；
3. 其他部分（型号和编号）。

三、项目电路原理

1. 绘出电路原理图或仿真电路图；
2. 电路原理简述，重点描述实验任务的理论依据和实验方法。

四、项目实施过程与实验数据

1. 叙述具体任务实施的步骤和方法（可参考项目实施内容及过程）；
2. 记录原始的实验数据。

五、数据处理与分析

1. 按项目要求用相应定理或公式对原始的实验数据进行计算和处理；
2. 按项目要求用图表或曲线对记录的数据进行处理与分析。

六、项目小结

1. 自己的体会，包括成功的经验或失败的教训；
2. 遇到故障或出现问题的处理方法；
3. 针对该项目提出一些改进或创新的建议。

　　要求：

1. 项目实施过程中要求完成原始实验任务数据的记录，要忠实于原始数据，不得随意修改；
2. 项目报告书写要工整，并按要求及时上交。

参 考 文 献

[1] 孔凡才. 自动控制原理与系统 [M]. 3 版. 北京：机械工业出版社，2011.

[2] 孙炳达. 自动控制系统 [M]. 3 版. 北京：机械工业出版社，2011.

[3] 孔凡才. 自动控制系统 [M]. 3 版. 北京：机械工业出版社，2003.

[4] 胡寿松. 自动控制原理 [M]. 北京：科学出版社，2001.

[5] 李友善. 自动控制理论 [M]. 北京：国防工业出版社，2001.

[6] 郝建豹，林子其. 自动控制系统 [M]. 北京：机械工业出版社，2019.